工廠叢書 ⑮

工廠設備維護手冊

楊月華　編著

憲業企管顧問有限公司　發行

《生產設備維護手冊》

序　言

　　設備對企業而言，是骨骼、肌肉和血管，是企業生命的物質主體。

　　企業設備不斷朝著大型化、自動化、流程化、電腦化、智慧化、技術多樣化和綜合化等方向邁進，企業越來越依賴設備，而設備停機造成的損失更加突出，同時，企業設備的維修成本，已經成爲企業生產成本的重要構成。

　　與過去相比，現代企業設備操作運行人員逐漸減少，而檢查、維修的難度及資源的投入越來越多；設備的操作逐漸簡單化，而檢查維修人員需要掌握的技術越來越高、日益複雜。與此成爲鮮明對比的是，企業的設備維修和管理，卻反而出現一定程度的倒退，企業設備的技術進步大大超前於維修管理的進步。這種現象將嚴重限制企業的發展，使企業在發展中付出巨大的成本、質量、安全代價，大大削弱企業的競爭能力。

　　本書是針對生產設備的管理維修而撰寫的實務工具書，本書內容詳細，可作爲企業管理工作者、總經理、設備經理、生產經理、設備處員工、維修主管的必讀參考手冊。

2006 年 11 月

《工廠設備維護手冊》

目　錄

第一章

設備管理概論

第一節　設備的編號管理

　　設備資產是企業固定資產的重要組成部分，是進行生產的技術物質基礎。本書所述設備資產管理，是指企業設備管理部門對屬於固定資產的機械、動力設備進行的資產管理。要做好設備資產管理工作，設備管理部門、使用單位和財會部門必須同心協力、互相配合。設備管理部門負責設備資產的驗收、編號、維修、改造、移裝、調撥、出租、清查盤點、報廢、清理、更新等管理工作。使用單位負責設備資產的正確使用、妥善保管和精心維護，並對其保持完好和有效利用直接負責；財會部門負責組織制訂固定資產管理責任制度和相應的憑證審查手續，並協助各部門、各單位做好固定資產的核算及評估工作。

　　設備資產管理的主要內容包括生產設備的分類與資產編號、重點設備的劃分與管理、設備資產管理的基礎數據的管理、設備資產變動的管理。

　　準確地統計企業設備數量並進行科學的分類，是明確職責分工、掌握固定資產構成、分析工廠生產能力、編制設備維修計畫、進行維修記錄和技術數據統計分析、開展維修活動分析的一項基礎工作。設備分類的方法很多，可以根據不同需要從不同角度來劃分。

一、先按編號要求分類

工業企業使用的設備品種繁多，爲便於固定資產管理、生產計畫管理和設備維修管理，設備管理部門對所有生產設備必須按規定的分類進行資產編號，它是設備基礎管理工作的一項重要內容。

對設備進行分類編號的目的，一是可以直接從編號瞭解設備的屬類性質；二是便於對設備數量進行分類統計，掌握設備構成情況。爲了達到這一目的，有關部門針對不同的行業對不同設備進行了統一的分類和編號。將機械設備和動力設備分爲10大類別，每一大類別又分爲若干分類別，每十分類別又分爲若干組別，並分別用數字代號表示。

屬於固定資產的設備，其編號由兩段數字組成，兩段之間爲一橫線。表示方法如圖1—1所示。例如：順序號爲20的立式車床，從《設備統一分類及編號目錄》中查出，大類別號爲0，分類別號爲1，組類別號爲5。其編號爲015—020：按同樣方法，順序號爲15的點焊機，其編號爲753—015。

圖 1─1　設備編號方法

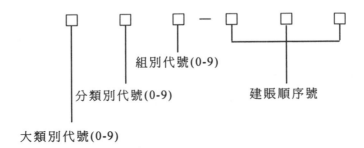

組別代號(0-9)

分類別代號(0-9)

建賬順序號

大類別代號(0-9)

　　對列入低值易耗品的簡易設備，亦按上述方法編號，但在編號前加「J」字，如砂輪機編號 J033─005，小台鑽編號 J020─010 等。對於成套設備中的附屬設備，如由於管理的需要予以編號時，可在設備的分類編號前標以「F」。

二、　先按設備管理要求分類

　　爲了分析企業擁有設備的技術性能和在生產中的地位，明確企業設備管理工作的重點對象，使設備管理工作能抓住重點、統籌兼顧，提高工作效率，可按不同的標準從全部設備中劃分出主要設備、大型精密設備、重點設備等作爲設備維修和管理工作的重點。

1.主要設備

　　根據現行規定，凡修理複雜係數在 5 以上的設備稱爲主要設備，此類設備將作爲設備管理工作的重點。設備管理的某些主要指標，如完好率、故障率、設備建檔率等，均只考核主要

4

設備。應該說明的是，企業在劃分主要設備時，要根據本企業的生產性質，不能完全以修理複雜係數爲標準。另外，目前非標、專用設備越來越多，很難評定其複雜係數，企業更多依賴設備的價值、關鍵程度等經驗判斷設備是否重要。

2.大型、精密設備

機器製造企業將對產品的生產和質量有決定性影響的大型、精密設備列爲關鍵設備。

大型設備：包括臥式鏜床、立式車床、加工件在 Φ1000mm以上的臥式車床、刨削寬度在 1000mm 以上的單臂刨床、龍門刨床等，以及單台設備在 10t 以上的大型稀有機床。

精密設備：具有極精密機床組件（如主軸、絲杠），能加工高精度，小表面粗糙度值產品的機床，如座標鏜床、光學曲線磨床、螺紋磨床、絲杠磨床、齒輪磨床，加工誤差 ≤ 0.002mm/1000mm 和圓度誤差 ≤0.001mm 的車床，加工誤差 ≤0.001mm/1000mm、圓度誤差 ≤0.0005mm 及表面粗糙度 R_a 值在 0.02—0.04mm 以下的外圓磨床等。

3.重點設備

各企業應重視設備在生產中的作用，根據本單位的生產性質、質量要求、生產條件等，評選出對產品產量、質量、成本、交貨期、安全和環境污染等影響大的設備，劃分出重點設備，作爲維修和管理工作的重點。列爲精密、大型的設備，一般都可列入重點設備。

選定重點設備時，主要依據生產設備發生故障後和修理停機時對生產、質量、成本、安全、交貨期等諸方面影響的程度

與造成生產損失的大小。

第二節　設備的基礎數據

設備資產管理的基礎數據包括設備資產卡片、設備編號台賬、設備清點登記表、設備檔案等。企業的設備管理部門和財會部門均應根據自身管理工作的需要，建立和完善必要的基礎數據，並做好資產的變動管理。

一、設備資產的卡片

設備資產卡片是設備資產的憑證，在設備驗收移交生產時，設備管理部門和財會部門均應建立單台設備的固定資產卡片，登記設備的資產編號、固有技術參數及變動記錄，並按使用保管單位的順序建卡片冊。隨著設備的調動、調撥、新增和報廢，卡片位置可以在卡片冊內調整補充或抽出註銷。設備卡片見表 1—1。

表 1—1　設備卡片（正面）

輪廓尺寸：長　　　寬　　　高				質量/1
國別	製造廠		出廠編號：	
主要規格			出廠年月：	
			投產年月：	
附屬裝置	名稱	型號、規格	數量	
				分類折舊年限
				修理複雜係數
			機	電	熱
資產原值	資金來源	資產所有權	報廢時淨值	
資產編號	設備名稱	型號	精、大、稀、關鍵分類	

（背面）

	用途	名稱	型式	功率/kW	轉速/r.min^{-1}	備註
電動機						
變動記錄						
年月	調入單位	調出單位	已提折舊	備註		

二、設備的台賬

設備台賬是掌握企業設備資產狀況，反映企業各種類型設備的擁有量、設備分佈及其變動情況的主要依據。它一般有兩種編排形式：一種是按設備分類編號台賬，它以《設備統一分類及編號目錄》為依據，按類組代號分頁，按資產編號順序排列，便於新增設備的資產編號和分類分型號統計；另一種是按生產、班組順序排列編制使用單位的設備台賬，這種形式便於生產維修計畫管理及年終設備資產清點。以上兩種台賬匯總，構成企業設備總台賬。兩種台賬可以採用同一表格式樣，見表1—2。

對精、大、稀設備及機械工業關鍵設備，應另行分別編制台賬。企業於每年年末由財會部門、設備管理部門和使用保管單位組成設備清點小組，對設備資產進行一次現場清點，要求做到賬物相符；對實物與台賬不符的，應查明原因，提出盈虧報告，進行財務處理。清點後填寫設備清點登記表，見表1—3。

表 1—2　設備台賬

單位：　　　　　　　　　　　　　　　　　　　設備類型：

序號			
資產編號			
設備名稱			
型號	規格			
精、大、稀、關鍵			
複雜係數	機		
	電		
	熱		
配套電動機	台		
	kW		
總質量/t	輪廓尺寸			
製造廠（國）	出廠編號		
製造年月	進廠年月			
驗收年月	投產年月			
安裝地點			
分類折舊年限			
設備原值/元			
進口設備合約號			
隨機附件數			
備註			

工廠叢書 ⑮ ---

表 1—3　設備清點登記表

序　號			
資產編號			
設備名稱			
型號	規格		
配套電動機	台		
	kW		
製造廠（國）	出廠編號		
安裝地點			
用途	生產		
	非生產		
使用情況	在用		
	未使用		
	封存		
	不需用		
	租出		
資產原值/元	改造增值		
已提折舊/元			
備註			

三、設備檔案

設備檔案是指設備從規劃、設計、製造、安裝、調試、使用、維修、改造、更新直至報廢的全過程中形成的圖樣、方案說明、憑證和記錄等文件數據。它彙集了設備一生的技術狀況，爲分析、研究設備在使用期間的狀況、探索磨損規律和檢修規律、提高設備管理水準、對反饋製造質量和管理質量資訊，均提供了重要依據。

屬於設備檔案的數據有：

- 設備計畫階段的調研、經濟技術分析、文件和資料；
- 設備選型的依據；
- 設備出廠合格證和檢驗單；
- 設備裝箱單；
- 設備入庫驗收單、領用單和開箱驗收單等；
- 設備安裝質量檢驗單、試車記錄、安裝移交驗收單及有關記錄；
- 設備調動、借用、租賃等申請單和有關記錄；
- 設備歷次精度檢驗記錄、性能記錄和預防性試驗記錄等；
- 設備歷次保養記錄、維修卡、大修理內容表和完工驗收單；
- 設備故障記錄；
- 設備事故報告單及事故修理完工單；
- 設備維修費用記錄；

- 設備封存和啓用單；
- 設備普查登記表及檢查記錄表；
- 設備改進、改裝、改造申請單及設計任務通知書。

至於設備說明書、設計圖樣、圖冊、底圖、維護操作規程、典型檢修技術文件等，通常都作爲設備的技術數據，由設備數據室保管和複製供應，不納入設備檔案袋管理。設備檔案數據按每台單機整理，存放在設備檔案內，檔案編號應與設備編號一致。

設備檔案袋由設備動力管理維修部門的設備管理員負責管理，保存在設備檔案櫃內，按編號順序排列，定期進行登記和數據入袋工作。要求做到：

- 明確設備檔案管理的具體負責人，不得處於無人管理狀態；
- 明確納入設備檔案的各項數據的歸檔路線，包括數據來源、歸檔時間、交接手續、數據登記等；
- 明確登記的內容和負責登記的人員；
- 明確設備檔案的借閱管理辦法，防止丟失和損壞；
- 明確重點管理設備檔案，做到數據齊全，登記及時、正確。

隨著電腦的發展，上述文件可以電子文文件形式儲存，但項目、內容的完備性仍應具備。

四、設備的庫存管理

設備庫存管理包括設備到貨入庫管理、閒置設備退庫管理、設備出庫管理以及設備倉庫管理等。

1.新設備到貨入庫管理

新設備到貨入庫管理主要掌握以下環節：

- 開箱檢查：新設備到貨三天內，設備倉庫必須組織有關人員開箱檢查。首先取出裝箱單，核對隨機帶來的各種文件、說明書與圖樣、工具、附件及備件等數量是否相符；然後察看設備狀況，檢查有無磕碰損傷、缺少零部件、明顯變形、塵砂積水、受潮銹蝕等情況。

- 登記入庫：根據檢查結果如實填寫設備開箱檢查入庫單，見表 1—4 所示。

- 補充防銹：根據設備防銹狀況，對需要經過清洗重新塗防銹油的部位進行相應的處理。

- 問題查詢：對開箱檢查中發現的問題，應及時向上級反映，並向發貨單位和運輸部門提出查詢，聯繫索賠。

- 資料保管與到貨通知：開箱檢查後，倉庫檢查員應及時將裝箱單、隨機文件和技術數據整理好，交倉庫管理員登記保管，以供有關部門查閱，並於設備出庫時隨設備移交給領用單位的設備部門。對已入庫的設備，倉庫管理員應及時向有關設備計畫調配部門報送設備開箱檢查入庫單，以便儘早分配出庫。

表 1—4　設備開箱檢查入庫單

檢查日期：　年　月　日　　　　　　　　　　檢查編號：

發送單位及地點				運單號或車皮		
發貨日期		年　月　日		到貨日期	年　月　日	
到貨箱編號						
每箱體積（長×寬×高）						
每箱標重	毛					
	淨					
製造廠家				合約號		
設備名稱				型號、規格		
台數				出廠編號		
附件清點	名稱	件數	名稱	件數	名稱	件數
單據文件	裝箱單	檢驗單		合格證件		
	說明書	安裝圖		備件圖		
缺件檢查		待處理問題				
技術狀況檢查		待處理問題				
備註				其他參與人見名單	保管員簽字	檢查員簽字

- 設備安裝：設備到廠時，如使用單位現場已具備安裝條件，可將設備直接送到使用單位安裝，但入庫檢查及出庫手續必須照辦。

2.閒置設備退庫管理

閒置設備必須符合下列條件，經設備管理部門辦理退庫手續後方可退庫：

- 屬於企業不需要設備，而不是待報廢的設備；
- 經過檢修達到完好要求的設備，需用單位領出後即可使用；
- 經過清洗防銹達到清潔、整齊；
- 附件及檔案數據隨機入庫；
- 持有計劃調配部門發給的入庫保管通知單。

對於退庫保管的閒置設備，計畫調配部門及設備庫均應專設賬目，妥善管理，並積極組織調劑處理。

3.設備出庫管理

設備計畫調配部門收到設備倉庫報送的設備開箱檢查入庫單後，應立即瞭解使用單位時設備安裝條件。只有在條件具備時，方可簽發設備分配單。使用單位在領出設備時，應根據設備開箱檢查入庫單做第二次開箱檢查，清點移交；如有缺損，由倉庫承擔責任，並採取補救措施。

如設備使用單位安裝條件不具備，則應嚴格控制設備出庫，避免出庫後存放地點不合適而造成設備損壞或部件、零件、附件丟失。

新設備到貨後，一般應在半年內出庫安裝交付生產使用，

越快越好；使設備儘早發揮效能，創造效益。

4.設備倉庫管理

- 設備倉庫存放設備時要做到：按類分區，擺放整齊，橫向成線，豎向成行，道路暢通，無積存垃圾、雜物，經常保持倉庫通風、無塵，庫容清潔、整齊。

- 倉庫要做好「十防」工作：防火種，防雨水，防潮濕、防銹蝕，防變形，防變質，防盜竊，防破壞，防人身事故，防設備損傷；

- 倉庫管理人員要嚴格執行管理制度，支援「三不」收發，即：設備質量有問題尚未查清且未經主管作出決定的，暫不收發；票據與實物型號規格數量不符未經查明的，暫不收發；設備出、入庫手續不齊全或不符合要求的，暫不收發。要做到賬卡與實物一致，定期報表準確無誤。

- 保管人員按設備的防銹期向倉庫主任提出防銹計畫，組織人力進行清洗和塗油。

- 設備倉庫按月上報設備出庫月報，作爲登出庫存設備台賬的依據。

第三節　設備的變動管理

資產的變動管理是指由於設備安裝驗收和移交生產、閒置封存、移裝調撥、借用租賃、報廢處理等情況引起設備資產的變動,需要處理和掌握所進行的管理。

一、設備的安裝驗收和移交生產

設備安裝驗收與移交生產是設備構成期與使用期的過渡階段,是設備壽命週期全過程管理的一個關鍵環節。設備安裝調試後,經鑒定各項指標達到技術要求後,要辦理設備移交手續,填寫設備移交驗收單,見表 1—5。

表 1—5　設備安裝移交驗收單

代碼		資產編號		出廠年月		
名稱				重量		
型號				購置合約號		
規格				使用單位		
製造廠及國別			資金來源		耐用年限/年	
出廠編號			經濟壽命		折舊率/（%）	
序號	設備價值		序號	技術資料名稱	張/份	備註
1	出廠價值/元		1	說明書		
2	運輸費/元		2	出廠合格證		
3	安裝費/元		3	製造設計任務書		
4			4			
5			5			
6	總金額/元		6			

附屬設備

序號	名稱	型號、規格	數量/單位	序號	名稱	型號、規格	數量/單位

簽寫驗收記錄						
交接單位	計畫部門	移交部門	設備主管部門	使用部門	技術安全部門	
經辦人						
備註						

二、 設備的封存與閒置設備的處理

閒置設備是指過去已安裝驗收、投產使用而目前生產和技術上暫時不需用的設備。它在一定時期內不僅不能爲企業創造價值，而且佔用生產場地，佔用固定資金，消耗維護費用，成爲保管單位的負擔。因此，企業要設法把閒置設備儘早利用起來，確實不需用的要及時處理給需用的單位。

工廠設備連續停用三個月以上可進行封存。封存分原地封存和退庫封存，一般以原地封存爲主。對於封存的設備要掛牌，牌上註明封存日期。設備的封存與啓用，均需由使用部門向企業設備主管部門提出申請，填寫封存申請單，見上表 1—6，經批准後生效。

封存一年以上的設備，應作閒置設備處理。工廠閒置設備分爲可供外調與留用兩種，由企業設備管理部門定期向上級主管機關報閒置設備明細表（見表 1—7）。設備封存後，必須做好設備防塵、防銹、防潮工作。封存時應切斷電源，放淨冷卻水，並做好清潔保養工作；其零部件與附件均不得移作他用，以保證設備的完整；嚴禁露天存放。

工廠叢書 ⑮ --

表 1—6　設備封存申請單

設備編號		設備名稱		型號規格	
用途	專用　通用	上次修理類別及日期		封存地點	
封存開始日期	年　月　日		預計啓封日期		年　月　日
封存開始日期					
技術狀態					
隨機附件					
	財會部門簽收	主管廠長或總工程師批示	設備動力部門意見	生產計畫部門意見	
封存審批					
啓封審批					
啓用日期及理由：					

使用、申請單位　　　　　主管理體制　　　　經辦人　　年　　月　　日

表 1—7　閒置設備明細表

填報單位　　　　　　　　　　　　　　　　年　月　日

序號		
資產編號		
設備名稱		
型號		
規格		
製造國及廠名		
出廠年月		
使用車間		
原值/元		
淨值/元		
技術狀況		
處理意見		
處理意見		
備註		

分管廠長：　　　　　　財會部門：　　　　　設備動力部門：

20

三、 設備的移裝和調撥

　　設備調撥是指企業相互間的設備調入與調出。雙方應按設備分級管理的規定辦理申請調撥審批手續，只有在收到主管部門發出的設備調撥通知單後，方可辦理交接。設備資產的調撥有無償調撥（目前隨著市場體制的逐步完善，無償調撥正在減少並趨向消亡）與有償調撥之分。上級主管部門確定為無償調撥時，調出單位填寫明確調撥設備的資產原值和已提折舊，雙方辦理轉賬和卡片轉移手續；確定為有償調撥時，通過雙方協商，經過資產評估合理作價，收款後辦理設備出廠手續，調出方登出資產卡片。調撥設備的同時，所有附件、專用備件、圖冊及檔案數據等，應一併移交調入單位，調入單位應按價付款。凡設備調往外地時，設備的拆卸、油封、包裝托運等，一般由調出企業負責，其費用由調入企業支付。

　　設備的移裝是指設備在工廠內部的調動或安裝位置的移動。凡已安裝並列人固定資產的設備，必須有技術部門、原使用單位、調入單位及設備管理部門會簽的設備移裝調動審定單和平面佈置圖，並經分管廠長批准後方可實施。設備動力部門每季初編制設備變動情況報告表，分送財會部門和上級主管部門，作為資產卡片和賬目調整的依據。

四、設備報廢

設備由於嚴重的有形或無形損耗，不能繼續使用而退役，稱爲設備報廢。設備報廢關係到企業固定資產的利用，必須儘量做好「挖潛、革新、改造」工作。在設備確實不能利用，具備下列條件之一時，、企業方可申請報廢。

- 已超過規定使用年限的老、舊設備，主要結構和零部件已嚴重磨損，設備效能達不到技術最低要求，無法修復或無修復改造價值。
- 因意外災害或重大事故受到嚴重損壞的設備，無法修復使用。
- 嚴重影響環境，繼續使用將會污染環境，引發人身安全與危害健康，進行修復改造不經濟。
- 因產品換型、技術變更而淘汰的專用設備，不宜修改利用。
- 技術改造和更新替換出的舊設備不能利用或調出。
- 按能源政策規定應予淘汰的高耗能設備。
- 設備無形磨損嚴重，繼續使用會使企業失去產品質量、性能、成本競爭優勢的可用設備。

設備的報廢需經過一定的審批程序，具體見圖 1—2 所示。

圖 1—2　設備報廢流程圖

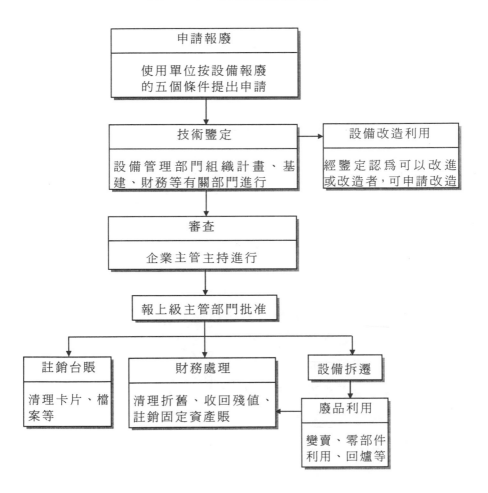

報廢後的設備，可根據具體情況作如下處理：

作價轉讓給能利用的單位；將可利用的零件拆除留用，不能利用的作為原材料或廢料處理；按政策規定淘汰的設備不得轉讓，按上一條規定處理；處理回收的殘值應列入企業更新改

造的資金，不得挪作他用。

第四節 設備管理規章制度和考核指標

一、設備管理的規章制度

設備管理規章制度是指企業有關設備管理的各種規定、章程、制度、辦法、標準、定額等，是管好、用好、修好設備的依據和標準。

設備管理規章制度包括責任制度、標準和規程、管理方面的內容。

企業必須具備的各項基本制度辦法有：

- 設備前期管理制度；
- 設備資產管理制度；
- 設備使用與維護保養制度；
- 設備檢修管理制度；
- 設備安裝、調試、改造、更新和自製設備設計、製造管理制度；
- 設備檔案和技術資料管理制度；
- 設備備品配件管理制度；
- 設備事故與故障管理制度；
- 鍋爐壓力容器、儀器儀錶等特種設備管理制度；
- 設備管理工作考核及獎罰辦法。

- 主要生產設備的操作、使用、維護和檢修規程；
- 主要生產設備的檢修工時、資金和消耗定額；
- 主要生產設備的投產驗收、完好、保養和檢修等技術標準。

另外，企業也可根據實際，再制定一些與本企業相關的規章制度。如：進口設備、重點設備管理制度，設備管理與維修的財務管理制度等。

很顯然，認真地執行這些制度，必將會有效地保證生產設備的正常安全運行，保持其技術狀況的完好，並不斷改善和提高企業裝備素質。另外，貫徹設備管理規章制度，應同設備崗位責任制、責任制結合起來。

二、設備管理的統計工作

設備統計，就是指按一定要求、原則和方法，對設備的各方面數據進行彙集、整理、計算、分析、研究和總結。

做好設備管理的統計工作，是所要求的一項基礎工作。要做好設備的技術管理和管理，就必須有各種數據資料，而這些資料的來源就是設備管理和維修統計。

設備統計的主要任務表現為：

- 為設備管理工作提供數據資訊資料，為各級領導決策提供可靠依據；
- 研究生產設備的數量、構成、使用程度，以便挖掘設備的潛力；

- 研究生產設備的技術素質、故障和維修情況，為編制設備的維修計畫提供依據；
- 反映設備維修費用情況以及固定資產效益情況，以實現對設備的管理。

統計報表是搞好設備統計工作的主要方法，是實現設備管理與維修現代化的基礎資料，也是實現電腦管理的基礎。設備統計報表種類很多，其中主要有：

- 設備台賬，它是記錄設備資產的總表，是企業或工廠的設備原始情況匯總表。
- 企業設備分類台賬，它是按設備類別統一編號登記設備資產的台賬。
- 設備情況年報，是企業設備統計工作的基本報表之一，是反映企業設備擁有量、構成比、利用程度和設備精度變化情況的綜合資料，由專職設備統計員按期填報。
- 新購、新制設備資產交接驗收單。
- 設備安裝質量和精度檢驗記錄單。
- 設備利用情況月報，主要反映設備的數量利用、時間利用和能力利用的程度。
- 設備初期管理鑒定卡。
- 重點設備管理卡。
- 設備試運轉記錄卡。
- 設備故障處理單。
- 設備事故處理單。
- 設備重大事故處理單。

- 設備維修工作月報、季報、年報,主要反映設備計畫修理和定期保養完成情況、設備完好狀態、經濟指標完成水準和事故情況。
- 年度設備大修理統計分析匯總表。
- 年度設備維修核算匯總表。
- 年度設備大檢查匯總表。

統計資料應完整、可靠、及時、科學。目前,還沒有制定出科學統一的統計報表、卡、單等,這給統一指標計算和統計工作帶來很大困難。從國內企業調查來看,大型企業的設備管理與維修部門的報表在 200 種以上,中型企業也有 100 多種,急需優化和簡化。因此,設置科學的、簡單有效的行業統一的報表問題亟待解決,這是具有標準化意義的一項重要工作。

三、 設備管理與維修的指標體系

1.設備管理的指標體系

由於設備管理與維修工作涉及到物資、財務、組織、技術、生產計畫等諸方面,要核對總和衡量各個環節的管理水準和效益,就必須建立和健全設備管理的技術指標和指標體系。指標體系由一系列具體的技術指標構成。這些指標設置的目的,是對設備管理和維修工作進行控制、監督、顯示、評價和考核。

傳統的設備管理與維修指標體系主要由技術指標和指標兩大部分構成。

(1)技術指標。

設備完好指標主要有：主要生產設備完好率和設備洩漏率，完好率的考核線條較粗，逐漸被淘汰，取而代之的是設備綜合效率（OEE）和完全有效生產率（TEEP）等。

- 設備利用指標主要有：反映設備數量利用指標，如實有設備安裝率；反映設備時間利用的指標，如設備利用率、設備可利用率等；反映設備能力利用的指標，如設備負荷率。
- 新度指標主要有：設備有形、無形以及綜合磨損係數，設備新度係數。
- 設備精度指標主要指：設備精度指數。
- 設備故障控制指標主要有：設備故障率、故障停機率、平均故障間隔期以及事故頻率。
- 設備構成指標包括：設備數量構成百分數和設備價值構成百分數。
- 維修質量指標主要有：大修理設備返修率、新制備件廢品率、一次交驗合格品率以及單位停修時間。
- 維修計畫完成指標主要有：設備大修理計畫完成率、設備大（小）修理任務完成率等。
- 維修效率指標：如鉗工年修複雜係數。
- 更新改造指標：如設備數量更新率、設備資產更新率、設備資產增長率等。
- 備件適用指標：如備件品種適用率、備件數量適用率、備件圖冊滿足率等。

⑵指標

• 設備折舊基金指標：如設備折舊率。

• 維修費用指標：如淨產值設備維修費用率、設備平均大修理成本、單位產品維修費用等。

• 備件資金指標：主要有備件資金佔用率、備件資金週轉率、備件資金週轉天數等。

• 維修定額指標：如工時定額、費用定額、停修定額、材料消耗定額等。

• 能源利用指標：如產值耗能率、成本耗能率、單位能耗率、綜合能耗率等。

• 設備效益指標：如設備資產產值率、設備資產利稅率、設備資產利潤率。

• 設備投資評價指標：如投資回收期、投資效果係數等。

2.設備管理考核指標

《設備管理條例》規定：企業設備管理的主要技術考核指標，應當列入廠長任期責任目標，並將其承擔的主要考核指標分解落實到專業科室和生產工廠。

從當前企業設備管理的情況看，爲了克服企業短期行爲和拼設備、以包代管的現象，也必須建立按指標考核的制度。

⑴考核企業的指標

• 主要生產設備完好率：要求機械設備 90%以上，動力設備 95%以上。

• 設備可利用率：要求達到 95%以上。

• 設備故障停機率：控制在 1%以內。

•設備大修理成本：控制在 300 元／F—350 元／F（F 為修理複雜係數）。

•萬元產值維修費用：要求逐年下降，達到同行業先進水準。

•大修理停修天數：平均在 3 天／F 以內。

•大修理設備返修率：要求控制在 1%以內。

（以上為機電行業的部分考核指標，其中完好率與複雜係數的概念比較陳舊，僅作為考核指標推陳出新的參考和過渡）

•生產設備閒置率。

•設備大修理計畫完成率。

•主要生產設備事故頻率。

•設備固定資產利稅率。

•備件資金週轉率。

•企業能源利用率。

⑵考核使用部門的指標

•主要生產設備完好率。

•設備事故頻率。

•定期保養完成率。

•設備故障停機率。

•設備利用率。

⑶考核設備管理和維修部門的指標

•大修理計畫完成率。

•維修成本費用。

•大修理質量返修率。

．主要生產設備完好率。

．重大設備事故。

　上述指標在引導企業設備管理進步方面曾有積極的作用。隨著生產力的進步，有些指標已陳舊過時，甚至被淘汰；有些指標仍發揮著有益的評價作用。

第二章

設備的前期管理

第一節　設備的規劃

　　設備的規劃是設備前期管理遇到的首要問題，其重要性也是顯然的。規劃的錯誤往往會導致資金的巨大浪費，甚至會造成企業破產。設備前期管理的其他內容如設備的招標、選型、安裝、試車、驗收及初期管理不善雖可能對企業造成不良影響，但還不一定是致命的，一般是可以補救的，而規劃的錯誤對企業的影響是戰略性的。

　　設備的規劃是企業整個經營規劃的重要組成部分，設備規劃的成敗首先取決於企業經營策略的正確與否。企業能夠根據市場預測制定出一個切合企業實際的發展規劃或經營策略，是保證設備規劃成功的先決條件。在企業總體規劃的基礎之上，設備規劃才可以進行。設備規劃要服從企業總體規劃的目標。為了保證企業總體目標的實現，設備規劃要把設備對企業競爭能力的作用放到首位。同時還應兼顧企業節約能源、環境保護、安全、資金能力等各方面的因素進行統籌平衡。

　1.設備規劃的依據

　　設備規劃的主要依據是：

　⑴提高企業競爭能力的需求

　　根據企業經營策略、新產品的開發計畫，圍繞提高質量、產品更新換代、增加品種、改進包裝、改進加工技術以及提高效率、降低成本等要求提出設備更新的建議。

(2)設備有形和無形磨損的實際

原生產設備技術狀況劣化，無修復價值；或者雖仍可利用，但設備無形磨損嚴重，造成產品質量低、成本高、品種單一，失去市場競爭力，應加以更新。

(3)安全、環保、節能、增容等要求

爲解決安全隱患、環保危害、能源浪費、擴大能源容量等帶有總體性的問題需要增加設備。

(4)大型設備改造或設備引進後的配套設施需求

在新增設備或生產線的重大改造後，從場地、平面佈置改變到配套設施的增加。

(5)可能籌集的資金及還貸能力的綜合考慮。

2.設備規劃的一般程序

設備規劃一般遵循以下程序：

(1)由相關主管部門提出要求建議

產品營銷部門根據市場狀況，生產主管部門或技術部門根據提高產量、質量，降低成本，改進技術，增加品種要求提出設備更新建議；動力、安全、環保會同設備管理部門提出設備改造、增容及添置的建議；科研部門提出爲科學研究需要而增置設備的建議。

(2)由規劃部門論證與綜合平衡

規劃部門對各個主管部門的建議進行匯總，對重要的設備引進建議進行論證和可行性分析，並根據企業資金實際情況作出綜合平衡；對於重要規劃舉措可以提出多種方案，進行綜合評價，供決策時參考。

(3)報領導和主管部門批准

規劃草案上報領導和主管部門批准。設備規劃應能提供供決策的足夠依據，應該嚴肅、客觀，嚴禁欺騙、誤導。

(4)由規劃部門制定年度設備規劃

經批准的設備規劃草案反饋回規劃部門，規劃部門再依此制定年度設備規劃，然後下達設備管理部門組織實施。

3.編制設備規劃應注意的幾個問題

(1)成套、流程設備主機與輔機到位的同步性

為了提高設備效率，儘快形成生產能力，應在資金、到貨週期方面保證到位的同步，爭取儘早投產。

(2)不影響生產性能的前提下，盡可能考慮利用國產設備

需要進口的設備應有報批程序並預留適當的時間週期。

(3)引進設備應與原有設備的改造相結合

在淘汰舊設備時盡可能減少企業的損失，同時保證新設備按時投產。

4.設備規劃的內容

設備規劃的主要內容是：

(1)設備規劃的依據。

(2)設備規劃表：內容包括設備名稱、主要規格、數量、隨機附件、投資計畫額度、完成日期、使用部門、預期效益等。

(3)設備投資來源及分年度投資計畫。

(4)可行性分析及批准文件。

(5)引進國外設備申請書及批准文件。

(6)實施規劃的說明及注意事項。

5.設備規劃的可行性分析

設備規劃的可行性分析主要是對引進設備各種經濟、技術指標的計算、評估，並進行總結和綜合評判，對設備引進的風險給予客觀、系統的評價，提供給決策者參考。

6.設備規劃的決策

設備規劃的決策一般是由主管或上一級機構討論決定，決策的依據是由規劃部門根據專家小組的可行性分析及決策模型提供的。決策時應充分考慮市場預測的數據。在適應市場未來發展趨勢的基礎上，要對至少三種以上設備規劃方案進行比較評價，評價時可以採用投資回收期的方法或綜合評判決策的方法。在採用綜合評判決策方法時也要把技術分析的結果放到主要的位置。設備壽命週期費用評價可以作為參考，但因為不能和設備效益掛鈎，因此不能作為評判的主要根據。

第二節　設備的選型

設備的選型是在設備規劃之後的重要環節，一般應由企業的設備管理部門會同有關專家、設備使用部門共同進行。對於重要、大型、流程設備，設備管理部門組織成立由機、電、儀錶等各方面專家和使用部門代表共同成立專家小組，進行選型訂貨工作。選型時以規劃的要求為目標，對不同廠家、不同品牌、不同規格性能的同類設備進行比較篩選，最後加以選定。

選型的基本程序主要分為六步：

1. 組織一個設備知識豐富、結構合理的招標、選型決策團隊由設備管理部門牽頭，從企業內外物色對此類設備瞭解、資訊靈通、責任心強的專家，組成一個與設備相關專業相匹配的招標、選型決策團隊。如果是簡單設備的選型，只需選擇一兩個業務熟悉的人員即可。

2. 資訊搜集和預選

將國內外相關設備的產品目錄、樣本、廣告、說明書及相關專業人員提供的資訊匯總，從中篩選出可供選擇的機型和生產廠或供應商。這也是預選過程。

3. 書面聯繫和調查

對預選機型的生產廠或供應商進行書面查詢或者訪問，詳細瞭解產品技術參數、隨機附件、價格、供貨週期、付款方式、軟體及隨機技術資料、圖樣供應、人員培訓、保修年限和售後服務等情況。書面或直接訪問此產品用戶，聽取用戶意見。從中選取兩三個候選機型或廠家。

4. 接觸——協商——談判

對候選機型的廠家或供應商進行直接的初步接觸，就上述問題詳細談判，做好記錄。如果通過招投標決策，這一過程可以用細緻的招投標活動取代。

5. 主管審批

專家小組在充分研究資料並充分徵求使用、技術等部門的意見後，通過對各種指標的綜合評判或者評標過程，對候選機型和廠家作出最後的選擇決策，報請主管審查批准。

6.簽訂合約

　　與選定的機型供應商或生產廠簽訂供貨合約，進入合約管理階段。

　　對於重要設備必須遵循以上六個步驟，但對於簡單設備、一般設備可以適當簡化。對於投資較大的重要設備工程，一般需要採用國際上慣用的招標方式，以保證以最有利的條件獲得理想的設備。國外引進設備的選型應注意不同國家的商業習慣，可以向已進口此設備的企業瞭解情況，避免談判中的誤解。國外廠家習慣於按照用戶技術要求配置主機和附件，提出報價書，對此應加以分析。另外，國外設備一般更新較快，應定購足夠的易損備件和維修技術資料。

表 2—1　選型決策評分表

項目	評分內容				得分
	十分滿意 （3分）	滿意 （2分）	基本滿意 （1分）	不滿意 （0分）	
設備 技術 先進性	有適應產品 升級能力	性能滿足產品要求、略有超出	滿足 產品要求	不能滿意 產品要求	
	全自動	半自動	手動		
	造型新穎	造型美觀、 無缺陷	造型一般、 有缺陷	有較多缺陷	
	專用高效	專用	一般	結構陳舊	
小計					
生產率	生產能力強	能力達標	保持現水準	達不到要求	
	能耗小	能耗一般	能耗大	能耗太大	
	運輸方便	運輸尚可	運輸受限	運輸困難	

續表

生產率	能源豐富	通用能源	專用能源	高級能源	
小計					
可靠性	耐磨性好	耐磨性較好	耐磨性一般	耐磨性差	
	自調整補償	可調整補償	補償一般	調整補償差	
	半年無故障	故障率低	故障率一般	故障經常	
小計					
配套性	全線配套	主軸機配套	主機配套	不配套	
小計					
技術性	精度高	精度較高	精度一般	精度不合格	
小計					
靈活性	適應性好	適應性較好	適應性一般	適應性差	
小計					
維護性	無維修設計	通用標準化	維修性一般	不便維修	
	有儀錶診斷	簡單診斷	尚可診斷	診斷困難	
小計					
經濟性	投資少、高效	效率一般	投資多	投資多、低效	
	維修費低	維修費一般	維修費較多	維修費高	
小計					
環保性	有環保措施	公害很低	公害沒超標	公害超標	
小計					
交貨期	隨時交貨	短期內交貨	長時間交貨	延誤交貨	
小計					
售後服務	服務佳	服務較好	服務一般	服務差	
	信譽佳	信譽較好	信譽一般	信譽差	
小計					
合計					

第三節　設備的驗收

設備的安裝驗收及使用初期管理是設備前期管理的最後環節，也是檢驗前期管理成果的階段。

設備的驗收工作可以分以下幾個階段進行。

1.用戶技術專家到生產廠進行生產監督

這實際上包含產品驗收的成分，這是對於重要設備應該執行的一個環節。用戶代表在生產廠發現任何加工質量、原材料問題應及時指出，要求生產廠加以更正。

2.發貨前的裝箱檢驗

用戶代表在出產地現場發貨前的檢驗對於一些重要設備也是必要的。用戶代表在裝箱現場按照協議規定檢查裝箱項目，發現漏裝、錯裝、包裝問題應及時提醒供應商改正。

3.到達地（或口岸）的驗收

用戶代表赴到達場地（車站、碼頭），主要檢查到貨數量和箱體外觀是否破損、水浸、腐蝕、發黴等，如發現此情況應及時電告發貨公司，並拍照或錄影，作為向運輸公司或保險公司索賠的依據。

4.進口設備的監造和到貨驗收

由於進口設備的特殊性，現單獨將進口設備的監造和驗收單獨詳細敍述一下。

5.入庫檢查驗收

入庫檢查驗收是指設備到達用戶所在地後，按照合約和裝箱單的開箱、檢驗、驗收及入庫操作。開箱檢查的內容是：包裝箱、內包裝是否損壞；到貨設備型號、規格、附件是否與合約相符；按照部件、零件非組裝包裝者，是否與裝箱單相符；零件外觀是否有銹蝕、損壞現象；隨機技術文件、圖樣、軟體是否齊全。

國外進口設備開箱檢查時，應通知商檢部門派員參加，如發現質量問題或數量短缺問題，由商檢部門出證，提交貿易管道交涉索賠。按照一般慣例，合約規定在貨物到達口岸三個月之內，用戶可以憑商檢部門證明，對質量及短缺問題索賠。對必須安裝、試車後才能發現的問題，可以憑商檢部門證明在一年內索賠。因此，用戶對進口設備應及時開箱檢驗，及時安裝試車，避免超過規定索賠期限才發現問題。

6.安裝後空運轉試車驗收

設備安裝後進行空運轉試車，由設備管理部門會同技術部門和使用部門，檢查設備安裝精度的保持性，設備傳動、操縱、控制、潤滑、液壓、氣動等系統是否正常、靈敏、可靠，有關技術參數和運轉狀態參數（如雜訊、振動等），並進行記錄，必要時簽署無負荷試車驗收報告。

7.安裝後負荷試車驗收

主要檢查設備在規定負荷範圍內的負荷作用下的工作能力，可結合企業實際生產的產品加工試驗進行。在負荷試驗中應著重檢查設備的振動、雜訊、機件（如軸承）的溫度、液壓

氣動系統的洩漏、潤滑系統的洩漏，以及操縱、傳動、控制、自動功能、安全環保裝置是否正常、穩定、可靠。

8.安裝後精度檢查驗收

按照合約規定的精度要求和檢驗程序說明書逐項進行檢驗，做好記錄。

9.設備安裝工程的竣工驗收

由設備管理部門為主，協同技術、使用、檢驗、安裝部門等有關人員參加,根據安裝工程分階段檢驗記錄、空運轉試車、負荷試車、精度檢驗記錄,參照有關安裝質量標準和協定要求，共同鑒定並確認合格後，由安裝部門填寫設備安裝竣工驗收單，經設備管理部門和使用部門共同簽章後即可竣工。鍋爐、壓力容器、易燃易爆設備、劇毒生產設備、載人工具、含放射性物質等設備安裝合格後，還應請指定的有關檢查監督部門檢查認證後，方可辦理最終驗收手續。

各個階段的驗收工作均應細緻、嚴肅，認真記錄，必要時可通過拍照、錄影取證。國外設備還應請商檢部門現場監察。屬於安裝調整問題，應先安排相關責任部門及時改正。凡屬於設備原設計、製造加工質量、包裝運輸問題，應及時向生產廠、供應商提出補救和索賠。經各個環節的檢驗，證明設備確實符合合約要求後，再由設備管理部門和生產使用部門正式簽字驗收。

第四節　設備的安裝

　　設備的安裝調試工作是保證設備按期或提前投產和設備運行質量的重要環節。設備運行的可靠性不僅取決於加工質量，還取決於安裝質量，即設備各個部件、零件的配合，主機與輔機的協調配合。這正如一支個人技術精良的足球隊，能否踢好球還要看整體的戰術配合一樣。設備安裝週期的保證取決於安裝工作的計畫和運籌。

　　1.設備安裝的準備

　　設備安裝的準備主要由以下幾個環節構成：

　　(1)確定設備安裝佈置圖。

　　(2)設計設備基礎圖。

　　(3)清除安裝場地障礙。

　　(4)編制安裝技術流程和作業計畫。

　　(5)編制無負荷試車、負荷試車技術程序、檢驗方式和標準。

　　(6)改善設備環境。

　　(7)改善能源、氣源供應條件。

　　(8)培訓設備操作和維護、維修人員。

　　(9)編制安裝工程預算。

　　2.安裝與試車的施工管理。

　　設備安裝時的施工管理由以下環節構成：

(1)基礎施工

按照設備管理部門的基礎圖，由設備管理部門委託的運輸安裝部門對基礎劃線，由土建部門對基礎進行施工，再由質檢部門對基礎進行檢查，設備基礎達到質量要求後，再經質檢部門會同運輸安裝部門簽字驗收。

(2)質檢部門對基礎的檢查內容

混凝土基礎的強度、基礎彈性變形量、基礎尺寸是否與圖樣相符、地腳孔距離及標高等。基礎檢查應該在混凝土達到要求強度之後進行。發現問題應責成基建部門返工或及時補救，質量合格才能驗收，否則會影響設備安裝後的運行質量。

(3)設備安裝

首先對開箱後的零部件進行檢查、清洗，測量基礎中心、水準和標高，安裝設備基礎底板；然後再對設備基礎部件，如機床床身、設備機架、機座、立柱等安裝定位；再對安裝定位的主體進行找平、預調；在調整合格並保證底板清潔的情況下，澆灌地腳孔混凝土，建議採用快乾膨脹水泥拌和混凝土澆灌地腳孔，以免變形。待地腳孔水泥固定後再按照安裝技術進行設備安裝。

(4)試車

一般設備的試車可分為無負荷試車與負荷試車，複雜成套流程設備可分為單體無負荷試車、無負荷聯動試車、負荷聯動試車等。試車時應做好檢查和記錄，發現質量問題，及時分析原因。首先應該注意安裝不當造成的原因，如果是安裝質量造成的原因，要及時調整甚至返工。分析結果確實認為是設備本

身設計、製造問題,要及時反饋給生產廠,請其派人到安裝現場處理並提出補救措施,提出索賠;國外進口設備的質量問題還要請商檢部門派人檢查出證,作為索賠依據。

(5)安裝驗收

設備驗收在調試合格後進行,一般由設備管理部門、設備安裝部門、技術部門和設備使用單位共同參與。達到一定規模的設備工程(如 200 萬元以上)應由監理部門組織。設備驗收分試車驗收和竣工驗收兩個階段。

(6)設備安裝費用管理

安裝費用管理是貫穿於設備安裝始終的活動。首先,應做好實事求是的費用預算。在安裝過程中可採用集中費用管理,也可將費用計畫分攤到基建、設備管理、動力等各個職能部門分散管理。對於大型安裝項目,要做好月、季度安裝進度表,對每一安裝項目編號,然後將安裝工程發生的費用記入此編號。無論是集中管理還是分散管理,費用發生情況均由財務部門在該設備安裝編號下匯總,以便核算設備安裝成本。設備管理部門應委託專人對設備安裝費用的使用情況、安裝進度及質量進行監督。

第五節　設備使用初期的管理調試

設備使用初期管理是指設備安裝試車、經設備管理部門和生產技術部門驗收之後,到穩定生產期間的管理工作。這一段

時間的長短取決於設備的複雜程度，一般而言為三個月到半年。設備使用初期管理是在設備開始正式生產之前的管理，是交接過程中的管理。這一時期的管理應該明確各部門管理的主次地位。建議這一段時期的管理仍以設備選型訂貨部門（如設備管理部門）為主，設備安裝部門、生產技術部門、質量檢查部門派專人配合。質量檢查部門的人員負責設備的安裝和產品質量檢查；生產、技術部門的人員負責設備的操作和工夾具準備；設備安裝部門的人員對安裝質量及時處理，或反饋給本部門派多人集中處理；設備選型和採購部門的人員及時聯繫生產廠或供應商，解決保修期間出現的設備質量問題。

根據設備故障率曲線（浴盆曲線），設備使用初期（磨合期）往往經常出現故障。這段時期又容易出現交接過程中的責任不明確現象。因此，設備使用初期各參與部門的明確分工、負責，各責任部門的相互配合，十分重要。設備初期管理的有效性決定著設備能否早日投入正常使用。

設備使用初期管理的主要內容是：

一、檢查有否缺失

設備安裝後投入使用的初期一般具有以下特徵：

1.緊固不當

設備緊固件上有油脂，尚未有銹蝕，摩擦力較小，使用振動後特別容易鬆動。

2.嚙合不良

對於蝸輪、蝸杆、齒輪等嚙合機械部分,由於加工尺寸與自然漸開線存在差異,一般初期嚙合不夠好,使得轉動摩擦力增大,甚至出現振動、咬切等情況,需要一段磨合期才能達到自然狀態。

3.裝配精度、平衡、對中不良

由於裝配、運輸以及加工後內應力的釋放,使得設備在使用初期出現新的精度、變形、平衡和對中缺陷,需要重新調整、定位、校正以及平衡處理。

4.安裝精度、水準度不良

由於安裝地基、安裝質量或時效變形,使得使用初期又出現設備不正、振動等現象,需要對地基加固、調整墊鐵厚度等,對設備重新校正定位。

5.環境的影響

由於設備環境未達到設備要求而產生的性能、質量等連帶問題。環境包括溫度、濕度、週圍振動條件、冷卻水質、風沙、能源質量等各方面,不良的環境造成設備加工不良、技術不順、產品精度不穩、設備管道堵塞、潤滑介質洩漏、設備負荷波動等問題。

檢查記錄就是檢查和記錄初期已經出現的各種缺陷,包括故障、產品質量、生產效率、設備性能及其穩定性和可靠性等問題。

檢查記錄要體現 5W2H 管理,即要確定檢查記錄週期(When)、確定檢查記錄執行人(Who)、確定檢查記錄內容

（What）、確定檢查結果初步分析（Why）、確定檢查記錄設備部位（Where）、確定檢查記錄方法（How，檢查方法是解體還是非解體，是利用五感還是檢查儀器，採用什麼樣的檢查記錄表格）、確定檢查標準（How Much，How Many，即何為合格，何為異常的標準）。

二、分析和排除故障

檢查分析設備缺陷後，要及時排除生產中的小缺陷，邊排除、邊調整、邊做好記錄，記錄缺陷的部位、次數、原因和排除方法；對可能造成重大問題的故障，要邀請設備供應商和相關專家共同診斷，必要時進行零部件更換或者設備整體更換。

三、潤滑管理

設備運行初期也是機械磨合期，要按照說明書規定要求的負荷和速度使用設備，同時要嚴格執行定點、定人、定質、定量、定週期的潤滑「五定」管理，對設備系統進行清洗、給脂、加油潤滑並及時更換冷卻介質。

四、緊固調整

對緊固部件作定期緊固；對配合部件作定期間隙、對中、平衡及位置調整。

五、評價反饋

對設備問題作及時的分析，對設備性能做客觀的評價。按照不同原因反饋給不同部門。

如屬於設備先天不足，應反饋給設備供應商、設計者、生產廠；如屬於安裝調整問題，應反饋給安裝部門；如屬於技術說明不清楚，反饋給售後服務部門；如屬於操作運行問題，反饋給設備使用運行部門，並請各部門採取措施及時予以補救。

六、設備的綜合評價

設備的綜合評價可採用多種方法。

1.設備初期管理工作小組的書面評價

由參與設備初期管理的人員經過討論，對設備的生產質量、效率、可靠性等指標進行評價，並完成一個綜合評價報告；這類評價適用於小型、單體或一般設備。

2.專家組的綜合評價

由企業規劃、技術、生產、設備管理、質量檢查部門派出高水準的技術人員組成「專家組」，對設備的相關指標打分，然後按照評價項目的重要性不同進行加權平均，最後得到評價總分。事先規定兩個閾值，總分超過第一個閾值，認為設備良好，超過第二個閾值，認為設備基本合格，低於第二個閾值，認為不合格。設備不合格則責成設備訂貨人員與生產廠交涉進行補

救，造成無法挽救損失的應追究訂貨選型人員的責任。專家組在評價前應該向設備初期管理人員進行調查，以各種數據和記錄爲根據。

第三章

設備維修的策略

第一節　設備維修種類劃分

設備維修策略是設備維修管理規範化的前提。就像要進行一場戰爭，首先要進行戰略設計，而戰略的設計需要對戰爭的深刻理解和廣博的知識。同樣，維修策略設計也需要對設備維修策略和發展趨勢的深刻感悟和具備廣博的維修管理知識，需要對國際上維修策略的發展不斷跟蹤和瞭解。這也是維修策略設計的基礎。

一、事後維修

事後維修（BM：Breakdown Maintenance）是 20 世紀 50年代前主導的維修模式，又稱第一代的維修模式。顧名思義，事後維修就是設備出現故障之後對其進行檢查修理的活動。

事後維修由兩個「階段」組成，即兼修階段和專修階段。在兼修階段，設備的操作者同時承擔設備的維修，由於設備比較簡單，操作者有能力既管操作又管維修；設備的操作人員兼顧設備檢查維修，操作人員等於維修人員。隨著設備的技術進步和複雜係數的不斷提高，維修難度不斷加大，操作與維修分別成爲不同的專門技術，需要經過一定的培訓和實踐才能掌握；另一方面，操作也需要專門的技能訓練才能掌握，這時操作、維修有了專業分工，這就進入了專修階段。維修已經發展

成為一項專門的技能，這時，操作工專門操作，維修工專門維修，「我維修，你操作」成為多數企業的運行模式，這個階段也稱為專修階段。無論是那個階段，其共同特點是，設備壞了才修，不壞不修。對於那些非主流程上，有冗餘備份而且故障後果不嚴重的設備（如系統中的照明器）——既不會造成生產損失，又不會造成設備的連鎖損壞，事後維修可以最大限度地延長設備的利用時間，往往是最划算的維修策略。

二、預防維修

預防維修（PM：Preventive Maintenance）流行於 20 世紀 60 年代之前。是在傳統事後維修基礎上發展起來的維修與管理模式。國際上有兩大體系共存，一個是以前蘇聯為代表的計畫預修體制，另一個是以美國為代表的預防維修體制。這兩大體制本質相同，都是以摩擦學為理論基礎，但在形式和做法上略有所不同，基本上屬於 TBM（Time Based Maintenance），即以時間為基礎的維修範疇。

預防維修制是通過週期性的檢查、分析來制訂維修計畫的管理方法，已經被世界各國所接受和採用。

隨著大生產時代的到來，設備的隨時故障停機給企業造成的損失越來越明顯，預防維修也就應運而生了。所謂的預防維修就是在設備故障發生前的檢查和維修。就像人類的疾病預防一樣，設備也需要預防性的檢查、保養、維修。

三、生產維修

生產維修（PM：Productive Maintenance）流行於 20 世紀 60 年代之後。生產維修體制是以預防性維修為中心，兼顧生產和設備設計製造而採取的多樣、綜合的設備管理方法。最早被美國的 GE 公司採用。生產維修由四部分內容組成，即：

- 事後維修（BM——Breakdown Maintenance）。
- 預防維修（PM——Preventive Maintenance）。
- 改善維修（CM——Corrective Maintenance）。
- 維修預防（MP——Maintenance Prevention）。

這一維修體制突出了維修策略的靈活性，吸收了後勤工程學的內容，維修策略注重結合企業和設備實際靈活運用。

糾正性維修，又稱為改善維修，是對那些進入耗損故障期的設備，即嚴重磨損、老化、疲勞的設備，應採用修復性的處理，如更換零件或者通過零件表面處理，恢復磨損的幾何尺寸等，後面進行專門介紹。

四、改善維修

改善維修又稱糾正性維修，主要應用在設備耗損故障期。按照設備的浴盆曲線，設備在耗損故障期，存在著老化、磨損、硬化、變形、開裂、腐蝕、疲勞等各種失效狀況，**繼續運行將**造成較嚴重的故障後果。改善維修通過零件更換、表面改性、

精度恢復、重新成形、調直、校準、對中等技術手段使設備修復到所要求的功能和精度。改善維修所牽涉的技術包括焊接、表面噴塗、電刷鍍、鑲套、熱處理改性、零件更換、對中、平衡、精度恢復、參數調整等。改善維修以設備性能恢復性修復爲主，允許小的設備改造或者再製造，可以不拘泥於原有設備的設計和結構，其指導策略是：設備並不是完美無缺的，是可以通過某些改進措施使之更臻完美的。

五、預知維修

預知維修（Predictive Maintenance）產生於計畫預防維修之後，是最早依賴電腦系統和軟體來監視、記錄故障，診斷評估系統，視情況制訂維修策略的方法。預知的主要過程是通過感測器或儀器儀錶來感知或檢測設備的潛在故障資訊，提取有用資訊，通過人工或者電腦分析處理，對設備進行診斷和故障定位，最後進行維修決策。

六、狀態維修

隨著監測手段的進步和電腦的發展，20 世紀 80 年代形成了更爲完善的體制，即以狀態爲基礎的維修體制，又稱狀態維修。

所謂以狀態爲基礎的維修體制（CBM：Condition Based Maintenance）是相對事後維修和以時間爲基礎的預防維修

（TBM）而提出的。它是在設備出現了明顯的劣化後實施的維修策略，而狀態的劣化是由被監測的機器狀態參數的變化反映出來的。狀態維修是預知維修的延續和發展。

七、全面計畫質量維修

全面計畫質量維修（TPQM：Total Planning Qualitative Maintenance），是一種以設備整個壽命週期內的可靠性、設備有效利用率以及經濟性為總目標的維修技術和資源管理體系。其內涵是：維修範圍的全面性，即對維修職能作全面的要求；維修過程的系統性，即提出一套發揮維修職能的質量標準；維修技術的基礎性，即根據維修和後勤工程的原則，以維修技術作為工作的基礎。

八、適應性維修

隨著企業設備不斷朝著大型化、高速化和自動化方向發展，設備在生產上的重要性日益增大。如何使企業的生產活動適應市場形勢的變化，成為一個重要課題。從設備管理方面來看，隨著產量的變化、設備劣化的發展、診斷技術的進步及週圍各種條件的變化，其體制、方式、方法也應作適應性的變化。為此，以日本某些鋼鐵企業為首，提出為迎接 21 世紀挑戰的適應性維修（AM：Adaptive Maintenance）概念。

這一新管理模式的核心是把綜合費用降到最低。圖 3—1

給出了隨著維修方式的變化，維修費用和生產損失費用曲線也隨之上升或下降的趨勢。即隨著維修方式的進步，生產損失越來越小，維修費用越來越高。而綜合費用曲線，作為上述兩種費用之和，呈下凹狀。也就是說，我們可以找到一個最低點，在這一點綜合費用最低。

圖 3—1　設備綜合費用示意圖

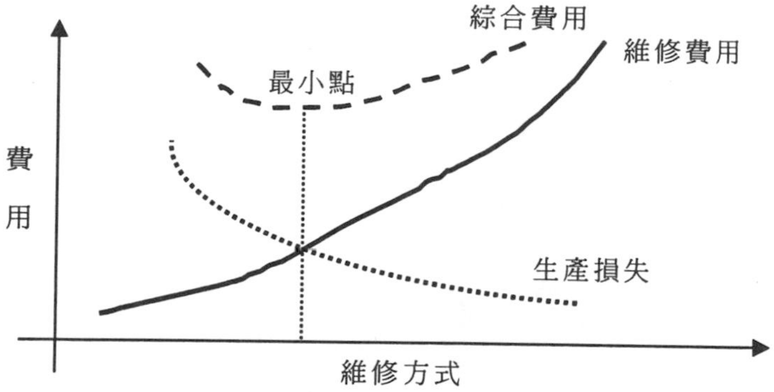

九、風險維修

風險維修（RBM：Risk Based Maintenance）是基於風險分析和評價而制訂維修策略的方法。風險維修也是以設備或部件處理的風險為評判基礎的維修策略管理模式：

風險＝後果×概率

所謂後果是指健康、安全與環境的危害，設備、材料的損失以及影響生產和服務損失。

風險維修在檢測方面的主要成果為檢測方法的優化、檢測週期的優化、檢測成本的降低以及檢測可靠性和效率的提高。風險維修的檢測應用在保護儀器上，主要為報警裝置、誤差檢測儀器等。主要檢測的故障是根據實際需要而確定的。檢測的方法是功能試驗，取得的成果為檢測週期的優化、降低成本，可靠性和效率的提高等。風險維修的檢測應用在運動設備上，主要為轉動設備、過程儀錶、發電機、電動機等。可檢測的明顯症狀為振動、磨損、滴漏等。主要檢測方法為 RCM（可靠性為中心的維修）分析、風險分析、成本-效益分析等。主要成果為潛在風險排序和維修效益水準分析、維修程序優化等。

十、 費用有效性維修（CEM）

概念和維修策略費用有效性維修（CEM:Cost-effective Maintenance），是通過維修作業的費用-效益分析選擇維修策略的管理方式。

這是部分挪威專家提出的一個比較實用的費用有效性維修策略計畫模型。這一方法有兩個環節，首先要建立維修概念，即不同的設備分類給出不同的維修要求；其次將設備按照關鍵性、冗餘性和設備類別分開，然後再對照相應的維修概念制訂維修策略。所謂的費用有效，就是以低費用達到高效益。

十一、業務為中心的維修

英國安東尼凱利將 BCM（BCM：Business Centered Maintenance）方法定義為「以完善的管理為基礎，在企業狀況和安全標準內，以最少的資源和費用，達到運行目標和產品質量」。

BCM 在時間、空間和資源這三維結構上體現以業務為中心的觀念。BCM 在時序維上，根據企業運行忙閑狀況安排維修活動，如日常的檢查、反應式維修、狀態維修等，週末則為保障下一週的正常運行而進行修復性工作，夏天的若干天停機則為保障一年運行的修復性工作。工作的範圍和深度根據目標值確定。BCM 在資源維上體現以最少的資源配備完成企業生產目標，根據區域、每個班次生產狀況、設備性質設定維修人員數目、技術工種和任務。BCM 在空間維上充分體現維修決策的層次性，主要表現為兩級決策，低層決策者為組長、換班管理員等，其決策目標是解決運行中規定的任務；高級決策者是維修管理者，主要完成維修的計畫、組織實施、監督和控制。

十二、價值為基礎的維修管理

價值鏈的大體是由系統的功能維護，按照價值取向得到若干功能模組，在一定的維修策略下產生系統維護的功效，在一定的度量指標下加以評價，依據評價的結果對系統加以改進。

根據杜邦模型，價值從設備資本投資開始，資本回報等於銷售回報和資本週轉率的乘積，而銷售回報又是收入與淨銷售額的乘機，而收入又是利潤與費用之差。其中費用又分解成維護、能源、管理和原材料等成本；利潤是淨銷售額與銷售成本之差；而淨銷售額又是產量與市場價的乘積，產量又是理論數量減去損失數量。

十三、資金為中心的維修

捷克 Vaclav Legat 提出資金爲中心的維修概念，其定義是：以資金爲中心的維修（MCM）是利用對技術、維修和操作員工的培訓和其他管理工具和方法，使收入最大化、維修費用優化，從而達到提高組織利潤目標的維修管理方式。

十四、全面生產維護

TPM——Total Productive Maintenance，早年譯爲全員生產維修，海外華語地區多譯爲全員生產保全。

TPM 是以設備綜合效率爲目標，以全系統的預防維護爲過程，全體人員參與爲基礎的設備保養和維修體制。

圖 3—2　使用性功能故障的維修決策

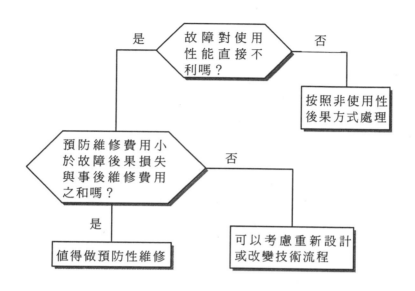

第二節　設備使用階段的維修策略

設備維修體系按照設備服役時間（磨損老化狀況）劃分爲三個不同的區域，採用不同的維修大策略；在這個框架下，再根據設備運行狀況劃分爲不同的具體維修小策略或者模式。

一般而言，設備一生的故障率水準劃分爲初始故障期、偶發（隨機）故障期和耗損故障期這三個階段，一如圖 3—3 所示。

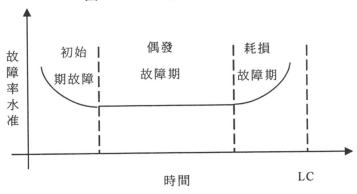

圖 3—3　設備故障率狀況

　　設備在初始故障期，機械部分表現的主要故障狀況是因為機械零件配合、嚙合、對中、平衡、緊固、位置調整、表面粗糙、裝配、匹配、安裝、基礎、水準等缺陷引起的問題，這些問題的解決要根據實際原因及時處理，如調整角度、調整距離、找準、加平衡塊、緊固螺栓、強化潤滑、加固基礎、減振、水準定位等方式來解決。電子、電氣部分主要是因為元器件的老化不良、接觸不良、接地不當、電路電壓等因素造成，需要通過時效、檢查接線、接地狀況和電壓參數來找出問題加以解決。在設備初始故障期，主要採用的維修策略是檢查、記錄、原因分析和調整。設備的初始故障期是從設備安裝投入使用之後到性能穩定為止，短則幾個月，長達一、兩年，與設備的工作負荷相關。

　　設備在偶發故障期，機械故障主要因為灰塵、鬆動、潤滑問題引起，而潤滑問題又多因為塵土進入潤滑系統造成潤滑介質洩露以及潤滑不良引起。北方寒冷地區多天管道、機件凍裂，

潤滑介質凝固，南方潮濕地區的腐蝕、銹蝕也引起偶發問題。電子、電氣故障往往因為外部的衝擊和影響造成，如雷擊、短路、老鼠小蟲引起的短路、電網不穩定引起的突然超負荷或者低負荷、塵土覆蓋散熱不良、絕緣燒毀等等。操作失誤、維修失誤也是造成偶發故障的原因。因此在設備的偶發故障期，對設備的清掃、緊固和潤滑是最主要的；對電子電氣部分要注意冷卻、散熱、除塵、絕緣和遮罩保護，防止小動物進入電氣系統也是不可忽視的內容。北方地區的冬天防凍，南方潮濕地區的防銹保護塗複，防鼠、驅蟲、乾燥風沙地區的防沙保護工作都應該因地制宜地有所側重。其次，規範員工操作，減少運行差錯、規範維修行為、制訂維修技術規則、減少維修失誤也十分重要。設備的偶發故障期可以延續 6—8 年甚至更長時間，這也和設備的工作負荷及保養水準有關。

　　設備在耗損故障期，機械故障主要是因為長時間使用引起的機械磨損、材料老化、疲勞斷裂、變形、脆性斷裂所致；而電子、電氣部分的問題則主要因為接觸點的變化和電參數的變化引起，如電阻、電容、電感、內部數字程序變化引起。因此，在耗損故障期，我們應側重對設備修復性的主動維修。如機械損壞部分的換件，幾何尺寸的機械恢復，如刷鍍、噴塗，電子器件以及損壞的機械零件更換等。

　　維修策略的選擇按以下原則進行：

　　維修模式是指維修微觀策略設計。微觀維修策略關係到每台具體的設備，或者是設備上的一部分——總成或者部件。本章上半部分介紹的維修策略有的既可作為宏觀維修策略，又可

作為微觀維修模式的參考。下面我們再重溫一下目前企業常用的可以作為大策略下微觀策略選擇參考的主要維修策略。

1.事後維修：指設備發生故障後的修理。適用於故障後果不嚴重，不會造成設備連鎖損壞、不會危害安全與環境、不會使生產前後環節堵塞等損害的故障後修理。

2.週期性預防維修：指按照固定的時間週期對設備的檢查、更換、修復和修理。適用於有明顯和固定損壞週期的設備整體或者部件。如按照一定速度磨損的機械、塑膠或者橡膠部件，按照一定速度老化的塑膠、橡膠或者化工材料、按照一定速度腐蝕的金屬部件、含有按一定速度揮發或者蒸發介質的零件等。

3.狀態維修（預知維修）：狀態預防維修是對設備進行狀態監測，根據監測資訊而進行維修決策的管理模式。狀態維修適用於可實施狀態監測，監測資訊可以準確定位故障，而且實施設備監測防止故障發生比事後維修或者其他預防維修更經濟的設備。目前可以採用的狀態監測方式包括振動監測、油液分析、紅外技術、聲發射技術等。

4.點檢定修：點檢定修是按照一定規則由操作人員和專職點檢人員對設備進行的人工巡迴檢查，瞭解設備故障傾向，再進行維修計畫決策的管理系統。點檢定修適用於可以通過人的五感或者借助簡單工具儀器進行檢查診斷的設備，這種維修模式可以與其他形式的管理模式結合起來進行。

5.改善維修：改善維修是通過對設備部件進行修復性的修理，包括零件更換、尺寸補充、性能恢復等手段，使設備損壞

的部件得到修復的活動。改善維修主要針對處於耗損故障階段的設備，以及設備先天不足，經常出現重覆性故障的設備。

6.主動維修：主動維修是一種不拘泥原來設備結構，從根本上消除故障隱患的帶有設備改造形式，即逢修必改的維修方式。主動維修適用於設備先天不足，即存在設計、製造、原材料缺陷以及進入耗損故障期的設備。

7.可靠性為中心的維修：可靠性為中心的維修將故障後果作為判斷的依據，綜合考慮維修經濟性，運用判斷邏輯流程進行決斷的一種維修管理模式。可靠性為中心的維修多應用於故障後果嚴重，甚至出現安全、環境性後果的設備體系。

8.以利用率為中心的維修：與以可靠性為中心的維修不同，以利用率為中心的維修是按照設備故障對利用率的影響排序，維修策略偏重於故障對利用率影響大的設備。利用率為中心的維修，原則上適用於任何類型的設備，只不過其維修優先順序排序策略更多考慮故障對利用率的影響。

9.風險維修：風險維修是基於風險分析和評價而制訂維修策略的方法。風險維修也是以設備或部件處理的風險為評判基礎的維修策略管理模式。風險=後果×概率，所謂後果是指健康、安全與環境的危害，設備、材料的損失以及影響生產和服務損失。風險維修原則上適用於任何類型的設備。其維修模式選擇主要根據風險大小，即故障後果和發生故障概率。

10.綠色維修：考慮設備的環境壽命週期費用最小化，尋求設備整體、部件或者材料的再利用、可循環的維修體制，稱為綠色維修。綠色維修側重於加工製造困難，能耗、材料消耗較

多的設備體系。

11.技術改造：技術改造是指對設備性能落後或者存在先天不足，因而使得重覆故障頻頻發生的設備原設計結構改變的工作。技術改造一般通過對設備局部再設計、再製造來完成。主要適用於那些尚有利用價值，但某些功能或狀況達不到要求的設備，改造費用小於重新投資購置新設備的情景。

12.早期維護：早期維護也有的稱爲靠前維護，主要是通過對設備使用條件的優化、設備的保健強化、設備的劣化修復、設備自修復技術的利用等方式控制設備性能劣化過程。它適用於各類設備，尤其是那些負荷高、能源消耗多、容易磨損的設備整體或者局部。

13.質量維修：維修的焦點在於控制和修復影響設備加工質量、工作質量和服務質量的局部或者整體。主要適用於那些與產品質量劣化密切相關的設備或局部。

14.局部項修：局部項修又稱爲總成維修，是指對設備局部失效或故障隱患的處理，它適用於任何類型設備，而且在原則上應該儘量避免對設備進行大修理，以項修或者總成維修取代大修。

15.計畫報廢：計畫報廢是對那些既無利用價值又無改造翻新價值的設備整體或者部件所進行的報廢技術處理方式。計畫報廢適用於無翻新價值的設備或者部件。

按照故障的特徵起因，我們可以選擇諸多不同的維修模式，如圖 3—4 所示。

圖 3—4　按照故障特徵起因的維修模式選擇

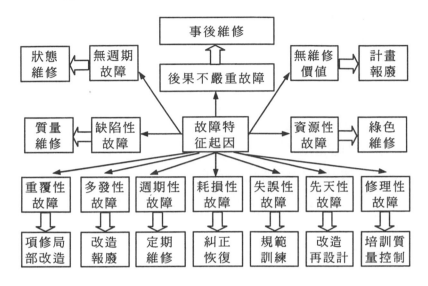

按照圖 3—4 所顯示的內容，當設備出現重覆性故障，即某一故障反覆出現，這一般說明設備存在某種先天不足，可能是設計、製造、裝配以及設備零件原材料缺陷，應該對常出問題的部件、零件進行項修或者局部改造加以消除。

對於多發性故障，即設備的劣化部分和內容很多，就如同人得了併發症，說明設備進入耗損故障期，很多部件已經老化、劣化、變形或者磨損，如果設備仍有利用價值，改造是經濟合算的，就應該通過技術改造來使之翻新，恢復功能，如果改造並不經濟，則應該報廢；如果設備或者總成具有明顯的損耗週期，故障是定期發生的，如軸承的磨損、橡膠的老化、金屬基體的腐蝕等，那就應該採用定期維修方式處理；如果設備老化、

劣化進入耗損故障期，表現出磨損、變形、剝落、點蝕、開裂、腐蝕、脆化，零件的明顯損壞，就應該通過表面處理、補充強化、更換零件等糾正性、改善性維修加以解決；如果故障是因為操作失誤——誤操作構成，除了對出現的故障作針對性的維修之外，從策略上主要要通過操作規範的訓練，或者通過工業工程（IE）方法，研究糾錯防錯流程來解決；如果在設備運行中發現先天性的故障，可以明顯確定是設計缺陷、製造缺陷、裝配缺陷、原材料缺陷引起，在經濟、合理、可行的前提下，可以通過改造、再設計的方式解決；如果出現的故障是因為維修引起的，即損壞性的維修——如安裝錯位、間隙偏差、對中缺陷、零件拆裝緊固時的損壞、裝配時的漏件、安裝連接順序的顛倒錯亂、設備內維修工具附件的遺漏、不潔淨維修等，除了針對性的解決設備故障本身的問題之外，從策略上要通過維修規範的確定和執行、通過維修技術規範培訓和維修質量檢測體系與合格證制度的實施來加以杜絕；如果設備生產出質量缺陷產品或者出現加工質量劣化傾向，可以通過質量維修——即關注於設備加工質量劣化問題、維修本身的質量和精細的維修流程來解決；如果設備劣化的 *P-F* 間隔不明顯，設備損耗週期不清晰，而其劣化是可以監測的，若對其進行狀態監測是經濟可行的，建議採用狀態監測輔助下的狀態維修策略；如果設備的故障後果輕微——既不會造成生產嚴重損失，又不會引起設備本身嚴重連鎖損壞，則可以採用最大限度延長設備有效使用週期的事後維修策略；如果設備的早期劣化及其劣化條件可以檢測和控制，而這些手段的採用從長遠看是經濟的，則可以採

用主動的早期維護、靠前維護策略；如果設備已經無維修價值，則應該果斷採取計畫報廢方式處理；如果設備故障及其後續的維修可能引起環境破壞、資源浪費，則從持續發展的角度應該採用綠色維修方式來解決，即通過減少污染、減少能源消耗、減少資源浪費角度來實施可行的維修方式，充分利用先進的修復技術，降低消耗與維修成本。

圖 3—5　維修策略策略訂的邏輯過程

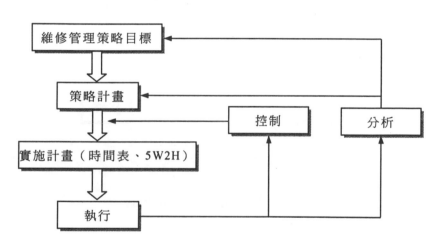

圖 3—6　以維修功效指標分析為基礎的維修策略決策過程

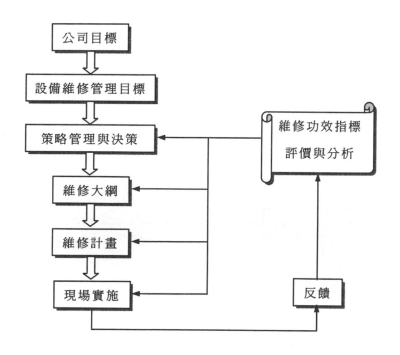

圖 3—7　維修管理的兩個層面

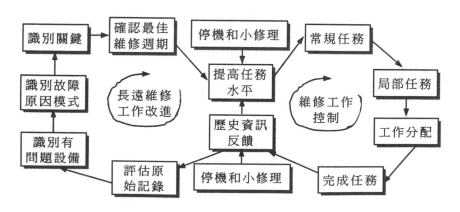

圖 3—8 設備一生維修管理系統設計策劃

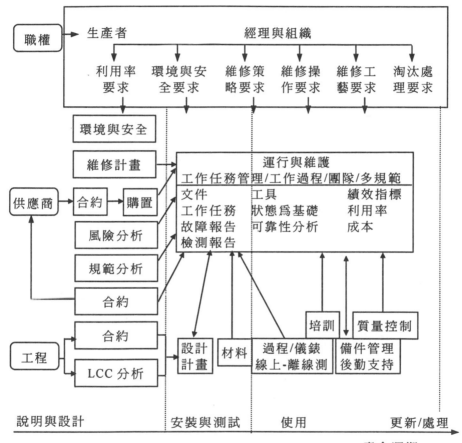

圖 3—9　維修模式與策略的確定流程

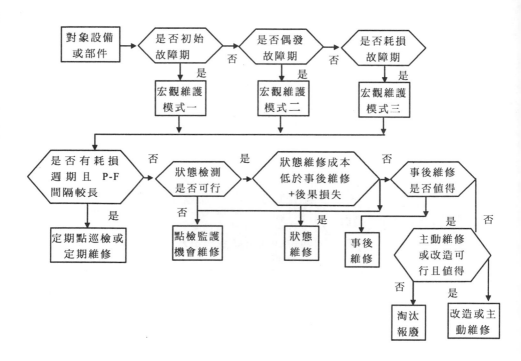

第四章

設備的故障管理

第一節　設備故障的分類

一、故障的定義

1.設備故障的定義

設備在投入生產使用和運行過程中，由於某種原因，使系統、機器或構成系統、機器的零部件喪失了其規定的功能，這種狀況成爲故障。國際通用的定義是：產品喪失其規定功能的現象叫做故障。這個定義裏包括三種情況：

- 完全不能工作的產品；
- 性能劣化，超過規定的失效判據的產品；
- 失去安全工作能力的產品。

發生上述情況中的任何一種，都是發生了故障。設備一旦發生故障，會直接影響產品的產量、質量和企業的經濟效益，導致安全事故或安全隱患。

爲了減少以至消滅故障，必須瞭解、研究故障發生的規律和機理，採取有效措施，控制故障的發生，這就是設備的故障管理。

2.設備故障管理的重要性

面對生產效率極高的現代設備，故障停機會帶來很大的損失。在大批量生產的企業（如汽車製造廠等），減少故障停機不僅能減少維修所需的人力、物力、費用和時間，更重要的是可

以保持生產均衡、保持較高的生產率，爲企業創造出更多的經濟效益。在化工、石油、冶金等流程工業中，設備或裝置的局部異常會影響生產全局，甚至會因局部的機械、電氣故障或洩漏導致重大事故的發生，污染環境，破壞生態平衡，造成不可挽回的損失。因此，隨著設備現代化水準的提高，加強設備故障管理，有著極其重要的意義。

二、故障的分類

通常，故障有以下分類。

1.按故障發生與時間是否有關分類

(1)突發性故障

指事先沒有明顯徵兆而突然發生的故障，它是一種無發展期的隨機故障；發生故障的概率與時間無關；故障無法預測。

(2)漸進性故障

由於各種原因使設備規定的功能逐漸變差，以至完全喪失，當故障出現前，一般有較明顯的徵兆，發生故障的概率與時間有關，可以早期預測、預防和控制。

2.按故障持續時間的長短分類

(1)間斷性故障

設備在短期內，零部件由於某種原因而引起故障，經過調整或修理，即可使設備恢復到原有的功能狀態，這種故障稱爲間斷性故障。

----

(2)永久性故障

設備某些功能的喪失，必須通過項修或大修理，必須更換零部件才能恢復，成爲永久性故障。

3.按故障發生的宏觀原因分類

(1)設備固有故障

是指由於設備在結構、材質設計上或設備製造上的原因，使設備本身不能承受其能力允許的最大負載而喪失使用功能所造成的故障。

(2)人爲故障

由於現場操作人員的不當操作或維護不良所引起的故障。

(3)磨損引起的故障

指設備在長期使用過程中，由於運動件相互摩擦使機件產生磨損而引起的故障。

4.按故障造成功能表現的程度分類

(1)功能故障

故障表現明顯，主要表現在不能完成規定的功能。例如電機故障機床不能開啓，車床變速不到位等。

(2)潛在故障

由於材質的缺陷、零部件製造精度不良等原因，在一定條件下會引發故障。但在具體的功能上表現不明顯。

瞭解各種不同的故障，可採取不同的早期預測和防範、控制措施，力求使故障的發生和其危害程度降到最少。

三、設備故障的原因

發生機械故障的原因在於設備中零件的強度因素與應力因素和環境因素不相適應。

1.彈性變形失效

當工作載荷和溫度使零件產生的彈性變形量超過零件配合所使用的數值時，就將導致彈性變形失效。例如用 2Cr13 不銹鋼做袖套，用青銅做軸瓦，這樣的材料匹配在常溫下可以很好工作，但在極低溫度下，由於兩者的線膨脹係數差別甚大，引起抱軸現象。這種彈性變形失效的判斷往往是困難的。主要是因為，雖然應力或溫度在工作狀態下會使零件彈性變形並導致失效，但是在解體或測量零件時，變形已經恢復。導致彈性變形失效的原因，幾乎全部是設計者考慮不週，計算錯誤或選材不當所致。

2.屈服失效

由於塑性變形引起的失效叫作屈服失效。零件發生塑性變形是由於零件在某個部位所承受的實際應力大於材料的屈服強度。如果在兩個互相接觸的曲面之間存在的接觸應力，超過了材料的接觸強度，可使匹配的一方或雙方產生局部屈服形成局部的凹陷，嚴重者會影響其正常工作。這種情況稱為超載壓痕損傷，它是屈服失效的一種形式。例如滾珠軸承在開始運轉前，如果靜載荷過大，滾珠將壓入滾道使其型面受到破壞，這樣的軸承在以後的工作中就會使振動加劇而導致早期失效。超載壓

痕損傷往往是作為其他失效模式，如磨損、接觸疲勞等的前奏或誘因出現，較少作為單獨的失效模式出現。

3.塑性斷裂失效

塑性斷裂又稱韌性斷裂、延性斷裂。當零件所受實際應力大於材料的屈服強度時，將產生塑性變形。如果應力進一步增加，而該零件與其他零件的匹配關係又允許時，就可能發生破裂。這種失效模式稱為塑性斷裂失效。塑性斷裂的特點是在零件斷裂之前有一定程度的塑性變形，斷口四週有與零件表面呈45°角的剪切唇，斷口粗糙，色澤灰暗，呈纖維狀。

4.脆性斷裂失效

脆性斷裂包括靜載及衝擊下的脆性斷裂、氫脆斷裂、應力腐蝕開裂等。靜載及衝擊下的脆性斷裂過程由開裂和裂紋擴展兩個階段所組成，當開裂後，裂紋即以極高速度擴展，斷裂前無任何預兆，突然發生災難性的破壞。脆性斷裂的微裂紋形成機理和微裂紋成核後裂紋的擴展是個非常複雜的問題，目前仍不是完全清楚。

促使靜載及衝擊條件下發生脆性斷裂的外部因素有：

- 低溫：在金屬與合金中，除具有面心立方品格的結構外，都有隨溫度出現的塑性脆性轉化現象。當高於脆性轉化溫度時，斷裂呈塑性，而低於該溫度時，斷裂呈脆性。

- 高的變形速度：衝擊載荷比靜載荷更容易使金屬材料發生脆斷。

- 應力狀態：三向拉應力容易使有色金屬零件發生脆斷。

從材料本身來看，引起脆斷的因素有：

- 材料的熱處理狀態與脆斷的傾向性有密切關係,例如過熱、回火脆性、時效脆性等都可使金屬構件發生脆性斷裂。
- 晶粒度大的材料容易脆斷。
- 表面劃傷、缺口等缺陷使脆斷傾向性增加。
- 殘餘拉應力高的零件容易脆斷。

脆性斷裂的主要特徵是:

- 零件斷成兩部分或碎成多塊。
- 斷裂後的碎片能很好的拼湊復原,斷口能很快吻合。在斷口附近,沒有宏觀的塑性變形跡象。
- 斷口與正應力方向垂直,斷口的源區邊緣無剪切唇。
- 斷口呈細瓷狀,較亮。

5.疲勞斷裂失效

疲勞斷裂失效是指金屬材料在低於拉伸強度極限的交變應力的反覆作用下,緩慢發生擴張並導致突然破壞的斷裂現象。疲勞斷裂在所有金屬構件端裂中佔主要地位。

疲勞斷裂過程跟一般的靜力斷裂過程不同,它是損傷累積以至構件突然斷裂的過程。在恒應力或恒應變下,疲勞由三個過程組成:

- 裂紋的形成;
- 裂紋擴展到臨界尺寸;
- 餘下斷面的不穩定斷裂。

對於金屬材料和機械零件來說,零件表面存在的各種冶金缺陷、加工缺陷、截面尺寸突變、表面硬化處理以及各種腐蝕

缺陷，這些地方易產生較大的應力集中，有利於疲勞裂紋的產生。金屬材料內部的第二相質點、非金屬夾雜物、晶界及亞晶界、孿晶、疏鬆、孔洞、氣泡等處，也常常是容易產生疲勞裂紋的區域。

6.腐蝕失效

金屬表面與週圍介質發生化學及電化學作用而遭到的破壞，稱爲金屬的腐蝕失效。金屬腐蝕一般可分爲化學腐蝕和電化學腐蝕兩大類。化學腐蝕是金屬表面與介質發生純化學作用而引起的損傷。它的特點是作用中沒有電流產生。例如軋鋼是生成厚的氧化皮，金屬在有機液體（如酒精、石油等）中的腐蝕。電化學腐蝕是指金屬表面與離子導電的介質因發生電化學作用而產生的損傷。它跟化學腐蝕的不同之處在於進行過程中有電流產生。例如金屬在潮濕氣體中的腐蝕，在電解液中的腐蝕等。

化學或電化學作用均產生不同於原來金屬的物質，叫做腐蝕產物。根據有無腐蝕產物的存在，就可判斷是否發生腐蝕。

腐蝕失效常與疲勞、磨損等共同作用，形成各種複合的失效模式。

7.磨損失效

磨損是伴隨摩擦而產生的共同結果。它是相互接觸的物體在相對運動中，表層材料不斷發生磨損的過程或者產生殘餘變形的現象。磨損不僅使材料消耗，也使零件失效。磨損是零件失效的普通和主要形式，進而導致機械設備使用壽命降低和引發故障。尤其在現代工業自動化，連續化的生產中，某一零件

磨損失效，就會影響全線的生產，影響企業經濟效益。

磨損是多因素相互影響的複雜過程。

磨損失效判斷，首先應確定失效零件是否具有受到磨損的工作條件，再根據零件表面的相貌和色澤、形狀和尺寸的變化等，判斷零件表面損傷是否屬於磨損，以及屬於那種磨損類型。

8.蠕變失效

蠕變是金屬零件在應力和溫度的長期作用下，產生永久變形的失效現象。晶力沿晶界滑動產生形變是蠕變失效的主要機理。

因蠕變過程使預緊零件的尺寸產生變化而導致失效的現象稱為熱鬆弛。例如壓力容器上用於緊固法蘭盤上的螺栓，在溫度和應力的長期作用下，因蠕變而伸長，致使預緊力下降，可能造成壓力容器的洩漏。

蠕變的最主要特徵是永久變形的速度很慢。可以根據零件的具體工況來分析，是否存在產生蠕變的條件（溫度、應力和時間）。沒有適當的溫度和足夠的時間，不會發生蠕變和蠕變斷裂。

在蠕變斷口的最終斷裂區上，撕裂不如常溫拉伸斷口上的清晰。在掃描電鏡下觀察，蠕變斷口附近的晶力形狀往往不出現拉長的情況，而在高倍下，有時能見到蠕變空洞。

第二節　設備故障的統計與分析

目前，大多數設備遠未達到無維修設計的程度，因而時有故障發生、維修工作量大。為了全面掌握設備狀態，搞好設備維修，改善設備的可靠性，提高設備利用率，減少故障和消滅故障，就必須重視故障發展規律的研究和管理。從設備管理的角度看，主要是對設備故障實行全過程管理。故障全過程管理的內容有：故障資訊的收集、儲存、統計、故障分析、故障處理、效果評價及資訊反饋。上述內容中，重點在於故障分析與故障處理。認真實施故障全過程管理，可為開展設備故障機理和設備可靠性、維修性研究提供數據資訊，為改造在用設備、提高換代產品的質量提供依據。更重要的是，通過故障分析，加強管理，預防類似故障發生，保證設備正常運行，減少損失。設備故障的全過程管理如圖 4—1 所示。

圖 4—1　設備故障的全過程管理流程

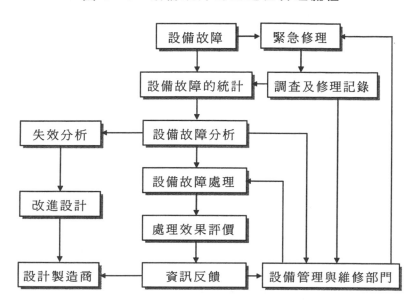

一、故障原因的收集

1.收集原因

　　設備故障資訊是指：設備故障的發生發展直至排除全過程的資訊。它通常採用故障記錄或故障報告單的形式，按規定的表格收集，作爲管理部門收集故障資訊的原始記錄。當生產現場設備出現故障後，由操作工人填寫故障資訊收集單，交維修組排除故障。有些單位沒有故障資訊收集單，而用現場維修記錄登記故障修理情況。隨著設備現代化程度的提高，對故障資訊管理的要求也不斷提高，表現在：

‧故障停工單據統計的信息量擴大；

‧資訊準確無誤；

‧將各參量編號，以適應電腦管理的要求；

‧資訊要及時地輸入和輸出，爲管理工作服務。

故障資訊收集應有專人負責，做到全面、準確，爲排除故障和可靠性研究提供可靠的依據，表 4—1 所示爲供讀者參考的設備使用、故障記錄日誌。

表 4—1　設備使用、故障記錄日誌

設備編號							
設備名稱							
日期	使用時間	故障發生時間	故障現象	故障檢查與故障原因	排除措施	更換件名稱、圖號和更換數量	
型號							
規格							
修理工時							
鉗工	儀／電	移交使用時間	修理停機時間		使用人	維修人	修理費用
			等待	修理			

2.收集故障原因的確實內容

具體內容包括：

(1)故障時間資訊的收集：包括統計故障設備開始停機時間，開始修理時間，修理完成時間等。

(2)故障現象資訊的收集：故障現象是故障的外部形態，它

與故障的原因有關。因此,當異常現象出現後,應立即停車、觀察和記錄故障現象,保持或拍攝故障現象,爲故障分析提供真實可靠的原始依據。

(3)故障部位資訊的收集:確切掌握設備故障的部位,不僅可爲分析和處理故障提供依據,還可直接瞭解設備各部分的設計、製造、安裝質量和使用性能,爲改善維修、設備改造、提高設備素質提供依據。

(4)故障原因資訊的收集:產生故障的原因通常有以下幾個方面:

- 設備設計、製造、安裝中存在的缺陷;
- 材料選用不當或有缺陷;
- 使用過程中的磨損、變形、疲勞、振動、腐蝕、變質、堵塞等;
- 維護、潤滑不良,調整不當,操作失誤,超載使用,長期失修或修理質量不高等;
- 環境因素及其他原因。

(5)故障性質資訊的收集:有兩類不同性質的故障:一種是硬體故障,即因設備本身設計、製造質量或磨損、老化等原因造成的故障;另一種是軟體故障,即環境和人員素質等。

(6)故障處理資訊的收集:故障處理通常有緊急修理、計畫檢修、設備技術改造等方式。故障處理資訊的收集,可評價故障處理的效果和爲提高設備的可靠性提供依據。

故障報告單內容與故障記錄內容相似,包括故障設備的資訊(設備名稱、編號、型號、生產廠家、出廠編號等)、故障識

別資訊（故障發生時間、故障現象、故障模式等）、故障鑑定資訊（故障原因、測試數據等）、故障排除有關資訊（更換件名稱、圖號、費用、排除方法、防止故障再次發生的措施、停工工時、修理工時等）。表 4－2 是某廠故障報告單，僅供參考。

表 4－2　故障報告單

報告單編號			報告時間		
設備名稱		出廠編號		報告人	
設備型號		使用單位		停產時間	
設備編號		設備故障始停時間		設備故障通知時間	
製造廠家					
故障詳細情況			處理情況		
			防止故障再次發生採取的措施		
故障模式			故障主要原因		
異常振動	堵塞	摩損	疲勞	裂紋	折斷	製造	安裝	操作	保養
變形	腐蝕	剝離	滲漏	異常聲響	絕緣劣化	超載	潤滑	修理質量	違章
材質劣化	發熱	油質劣化	其他			設計	其他		

工時與費用	停工停時		在何種情況下發現的故障			
	停理工時		日常檢查		事後修理	
	停工損失費		定期檢查		預防維修	
	廠內修理費		臨時修理		改善維修	
	對外委託修理費		修換件名稱	圖號	件數	費用	備註
	備件						
	合計費用						

使用單位負責人		維修單位負責人	

3.故障原因的準確性

影響資訊收集準確性的主要因素是人員因素和管理因素。操作人員、維修人員、電腦操作人員與故障管理人員的技術水準、業務能力、工作態度等均直接影響故障統計的準確性。在管理方面，故障記錄單的完善程度，故障管理工作制度、流程及考核指標的制定、人員的配置，均影響資訊管理工作的成效。因此，必須結合企業生產特點，重視故障資訊管理體系的建立和人員培訓，才能切實提高故障數據收集的準確性。

二、 設備故障原因的統計

1.故障資訊的儲存

開展設備故障動態管理以後，資訊數據統計與分析的工作量與日俱增。全靠人工填寫、運算、分析、整理，不僅工作效率很低，而且易出錯誤。採用電腦儲存故障資訊，開發設備故障管理系統軟體，便成為不可缺少的手段。軟體系統可以包括設備故障停工修理單據輸入模組；隨機故障統計分析模組；維修人員修理工時定額考核模組；設備可利用率的分析模組；可靠性研究模組等，均是有效的輔助設備管理。在開發故障管理軟體時，還要考慮與設備管理的大系統保持密切聯繫。

2.故障資訊的統計

設備故障資訊輸入電腦後，管理人員可根據工作需要，列印輸出各種表格、數據、資訊，為分析、處理故障，搞好維修和可靠性、維修性研究提供依據。

三、設備故障原因的分析

設備故障的分析是十分複雜的工作，涉及的技術領域非常廣泛，就金屬失效分析來說，它本身就是一門專業技術。目前故障分析有三種形式。

1.綜合統計方式

這是針對工廠設備總體發生的故障概率分析。如各類設備發生故障的概率；按故障發生的現象或原因分類的故障概率；或某類大量使用的設備所發生故障類型的分類概率。針對概率發生高的設備故障，制定技術的或管理的措施，找出降低該種設備故障的方法，加以實施。

2.典型失效分析方式

對某些重要設備或部位發生缺陷和失效，或者經常發生的失效模式，就要找出其內在的原因。為此需要利用技術分析的手段和借助於專業分析儀器加以解決，這就是金屬失效分析技術。

金屬失效分析技術的一般步驟如下：典型破壞部位取樣→斷口失效宏觀分析→斷口微觀失效分析→材質分析→失效類型及機理→失效原因判斷。

破壞環境分析：對設備工作環境中的介質、溫度、壓力、有害物質、腐蝕產物，或大氣及週邊條件等進行分析。

模擬分析：模擬失效構件的工作條件，以驗證失效分析的結論。

金屬失效分析既是一項專業技術，又是一項綜合分析方法。它需要利用各種技術，從結構設計、材料選擇、加工製造、裝配調整、使用維修到技術過程、人爲因素、環境污染等，成爲相關性綜合分析的系統工程。

3.故障診斷分析

採用監測診斷儀器對運行中的設備進行監測和診斷，從而找出故障發生和發展變化的狀態及趨勢。一般步驟如下：設備運行中的狀態監測→故障診斷分析→趨勢預報；當設備停車後，對故障設備解體檢查和檢測，驗證故障結論並與診斷分析對照。其方法包括腐蝕監測、振動監測、溫度監測、聲音監測、潤滑監測等。

第五章

設備潤滑管理

第一節　設備的磨損

　　磨損是伴隨摩擦產生的必然結果，是摩擦副接觸表面的材料在相對運動中由於機械作用，伴有化學作用而引起的材料脫落、損耗現象。即摩擦副的磨損現象是與摩擦同時發生的，故一般認為有摩擦就會有磨損。有些資料則從工程的角度出發，說磨損是固體與其他物體或介質相互發生機械作用時其表層的破壞過程。此外，亦有其他不少資料也對磨損提出了不同的定義，但我們關注的是設備的磨損，也就是主要由摩擦引起的磨損。

　　一般機械零件的正常磨損過程，試驗結果表明是有一定的相似規律的，一般表現出三個過程：磨合階段，穩定磨損階段與急劇磨損階段。

1.磨合階段

　　在這個階段，由於新摩擦副表面加工後具有原始粗糙度，兩表面開始時的接觸點很少，即實際接觸面積很小，在一定載荷下即產生塑性接觸，磨損速度很快，磨損量和時間（t_1）取決於零件加工的粗糙度、磨合負荷、磨合油等。當原始粗糙度逐漸變小，兩表面被磨平，即進行所謂的「跑合」或「磨合」，接觸面積就逐漸增加而使表面粗糙度達到平衡狀態，從而實現彈性接觸，因而磨損速度也逐漸減慢至 t_1 時刻的狀態而進入穩定磨損階段。磨合磨損階段一般發生在設備製造或修理的總裝

調試時、設備投入試用期的調試以及初期階段。在這一時期內，只要採用正確的磨合規範，就會獲得良好的磨合效果，爲設備以後的穩定磨損打下良好基礎。

2.穩定磨損階段

這是磨損的正常階段，如果零件的工作條件不變或變化很小時，磨損量基本隨時間勻速增加，磨損速度緩慢且穩定。當磨損至一定程度，零件不能繼續工作時，這一階段的時間（t_2）就是零件的使用壽命。

3.急劇磨損階段

急劇磨損階段是指當磨損達到一定量時，摩擦條件將發生較大變化，溫度急劇升高，磨損速度也大爲加快，這時機械效率明顯降低，精度喪失，並出現異常的噪音和振動，最後導致運轉失效。當出現這一階段時，往往零件已到達它的使用壽命了。從機械安全運轉的角度考慮，機械的摩擦副若能在 t_2 時刻點進行檢修、更換零件是最合理的，這不僅可避免發生事故，還可將檢修費用降至最低，這就是預防維修與狀態維修的出發點。

第二節　潤滑的原理

在摩擦副相互摩擦的表面之間加入某種物質，用來改善摩擦副的摩擦狀態，降低摩擦阻力，減緩磨損，以延長摩擦副使用壽命的措施叫潤滑。這種能夠具有減少摩擦表面間的摩擦阻

力的物質，不管是液態、氣態、半固體或固體物質，均稱為潤
滑劑。

　　機械設備中有許多做相對運動的摩擦副，最容易磨損、損
壞而導致設備不能正常工作。有數據表明，世界能源 50%消耗
於磨擦發熱，80%零件毀於磨損。而潤滑則可以控制摩擦、降低
磨損。因此，潤滑對機械設備的正常運轉、延長其工作壽命起
著十分重要的作用。

1.控制磨損

　　由於潤滑劑的加入，摩擦副接觸表面的粘著磨損、表面疲
勞磨損、磨料磨損與腐蝕磨損都會大大減少，從而保持摩擦副
的配合精度，保證其正常工作。

2.減少摩擦係數

　　在摩擦副的接觸介面加入潤滑劑，形成一個潤滑薄膜的減
摩層，從而降低摩擦係數，減少摩擦阻力，節約能源消耗。例
如一對金屬摩擦副，其乾摩擦係數達 0.4—1，而在良好的液體
摩擦條件下可以降到 0.001 以下。

3.降溫冷卻

　　一方面由於減少摩擦係數而減少了摩擦熱的產生；另一方
面潤滑劑本身可以吸熱，並通過循環進行傳熱、散熱，從而對
摩擦副降溫冷卻，使其控制在要求的溫度範圍內工作。

4.防止腐蝕

　　一般摩擦副都是在空氣、蒸汽、潮濕環境甚至有腐蝕性的
氣體、液體等介質中工作，潤滑劑覆蓋表面，可以隔絕這些腐
蝕介質，從而避免其對摩擦副的腐蝕、銹蝕。

5.清潔沖洗作用

摩擦副磨損的微粒與外來的介質微粒，都會進一步加速摩擦表面的磨損，但通過潤滑劑的循環、特別是壓力循環潤滑系統，可以帶走這些有害微粒，再經過過濾裝置將其排掉，從而具有清潔沖洗的作用。

6.減振降噪音

潤滑劑吸附在摩擦表面上，雖然厚度很小，但在摩擦副受到衝擊載荷時卻具有吸收衝擊的能力，從而具有減振降噪音的作用。

7.密封阻塵作用

在摩擦副中的潤滑劑膜，既可防止內部工作介質向外洩漏，也可阻止外部有害介質向內部侵入，從而具有密封阻塵作用。如水泵軸頭與閥門閥杆，由於採用了塗有潤滑脂的油浸盤根，除了具有潤滑作用之外，更有良好的密封作用；又如氣缸和活塞間的潤滑劑，亦同樣具有潤滑和密封的作用。

第三節　潤滑管理

一、潤滑管理的目的

潤滑管理的目的是：防止機械設備的摩擦副異常磨損，防止潤滑油（脂）、液壓油洩漏和摩擦副間進入雜質，從而預先防止機械設備工作可靠性下降和發生潤滑故障，以提高生產率、

降低運轉費用和維修費用。

　　潤滑管理的內容是：運用摩擦學原理，正確實施潤滑技術管理。

二、潤滑管理的實施

1.設備潤滑「五定」工作

(1)定點

　　確定設備的潤滑部位，按潤滑五定圖或卡片對設備潤滑部位加入潤滑劑。

(2)定人

　　明確負責設備各潤滑點進行潤滑的專職人員、操作人員、維修人員及各自責任。

(3)定質

　　根據潤滑卡片規定的油品牌號、規格加入潤滑劑。

(4)定量

　　按規定數量給設備加油和補充油。

(5)定週期

　　按規定週期給設備加油、換油，大型設備的油箱定期取樣化驗。

2.潤滑油的「三級過濾」工作

　　「三級過濾」是指領油過濾、轉桶過濾、加油過濾。

　　潤滑「三級過濾」工作在企業實際應用中如圖 5—1 所示。

圖6—1　企業設備潤滑「三級過濾」流程圖

合格油品到加注點前必須經過三次以上不同數目濾網

三級過濾圖：

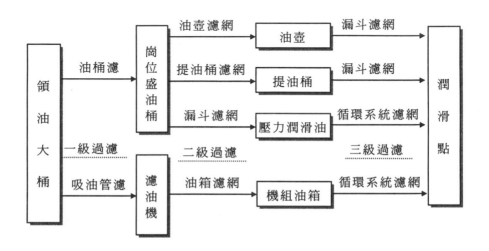

3.設備清洗換油管理

　　(1)定期換油：按照固定週期換油，可能造成浪費。適用於小型、使用率高的設備（如汽車、油箱容量<25kg 的設備）。

　　(2)按質換油：鑒定油質狀態，根據潤滑油品的質量指標來決定是否換油。

　　企業應根據自身的具體情況、檢測分析能力等，進行合理的決策，不要簡單地、一刀切地都採用按質換油或定期換油。雖然按質換油是一種科學的潤滑管理模式，是企業設備潤滑管

理的發展方向，但對很多設備和企業（特別是缺乏精密分析手段的企業）而言，定期換油仍是符合企業管理實際情況的一種潤滑管理制度。

　　例如某齒輪廠變速器殼體生產流水線，是由 28 台立式鑽床組成的，每台設備全台換油量僅 7kg，採用定期集中換油，勞動強度可下降 10%，而且不佔用生產時間。

　　(3)換油標準：有國標、行業標準，一般指標有粘度、酸值、水分、閃點、雜質等。現給出由專業標準規定的部分潤滑油產品的換油指標供參考。

　　(4)設備清洗換油技術流程如圖 5—2、圖 5—3 所示。

圖 5—2　設備清洗換油工藝

```
關閉電源 ─────────────────────────→ 用潔淨煤油沖洗油池
   │                                        │
   ↓                                        ↓
油池放油        清洗濾器、濾網          注新油至油位
   │                │                       │
   ↓                │                       ↓
擦試清理油池          │              開動潤滑系統補夠油位
   │                │                       │
   ↓                │                       ↓
擦試油窗、油標 ───────┘              檢查、驗收、填單
```

圖 5—3　設備換油流程

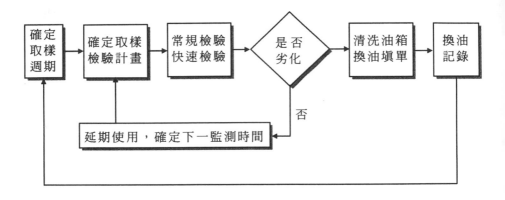

4.設備潤滑狀態管理

(1)潤滑狀態良好標準

潤滑部位、潤滑點有潤滑劑，無干摩擦；潤滑裝置元件完好、齊全，油管完好、暢通；油線、油氈齊全，放置正確；優質潔淨，未過期；各路油壓符合規定；無漏油現象。

(2)設備潤滑狀態檢查

日常檢查：操作工、潤滑工、當班維修工檢查油標、油位、油路、壓力是否正常，潤滑系統是否流暢，導軌油膜是否符合要求，還有就是日常加油，保證重點設備油箱油位正常。

巡迴檢查：檢查設備潤滑油液位計的液位，自動潤滑系統的油溫、油壓是否正常，油路是否暢通，高位油箱和連鎖保護是否正常。

定期檢查：專業人員、維修人員和操作員共同或分別檢查潤滑系統、液壓系統、滑動面、電動機軸承等重點部位的潤滑

狀態和潤滑制度的執行情況。

5.潤滑卡片的制定

制定潤滑卡片,是潤滑管理的一個重要措施。卡片的內容各企業可根據不同的生產特點而不盡相同。一般按「潤滑五定」的操作形式較爲科學,如表 5—1 所示。

表 5—1 潤滑檔案(卡片)

設備 名稱		設備 編號		型號 規格		生產 廠家	
潤滑部位							
油品牌號							
加換油週期							
加換油量							
負責人							
潤滑記錄							
時間							
負責人							

三、 制訂並實施設備潤滑管理制度

制訂並實施設備潤滑管理制度,同時制訂各級潤滑管理人員的崗位職責和工作條例,包括:

(1)潤滑材料管理制度。

(2)潤滑站管理制度。

(3)油脂庫安全防火規程。

(4)設備清洗換油規程。

(5)廢油回收制度。

(6)潤滑主管工程師崗位職責。

(7)潤滑工崗位職責。

(8)機械師（維修主管）潤滑工作職責。

(9)設備操作人員潤滑職責。

四、防洩漏治理

1.潤滑洩漏標準

(1)滲油：油蹟被擦淨後五分鐘不再出現。

(2)漏油：油蹟明顯，形成油滴，擦淨後五分鐘出現油滴。

(3)嚴重漏油：主要設備——漏油 1kg/天以上，或全部漏點一分鐘滴油數超過 3 滴；關鍵設備——漏油 5kg/天以上，或全部漏點一分鐘滴油數超過 10 滴；大型設備——漏油 3kg/天以上，或全部漏點一分鐘滴油數超過 6 滴。

2.潤滑洩漏診斷

如圖 5—4 所示,通過魚骨分析圖從各方面逐層剖析潤滑介質洩漏的原因，直到找出洩漏的根源，根據洩漏根源制定治理方案。

圖 5—4　潤滑洩漏魚骨分析圖

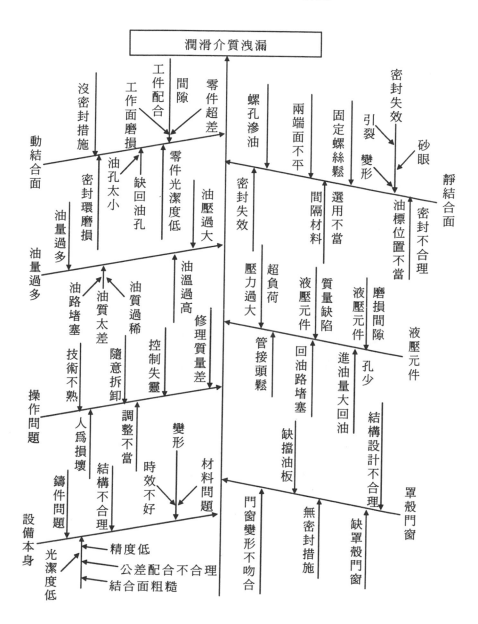

3.潤滑洩漏治理

(1)治理原則：一般情況要及時處理，或利用設備停車期間處理，如洩漏可能造成安全事故，應果斷停車處理。

(2)治理方法：如無法停止生產，在保證安全條件下，必要時採用補焊、堵焊、加強板補焊或帶壓不停車堵漏技術；如可停車處理，可更換密封件，改善動（靜）密封結構。

五、 電腦輔助潤滑管理

電腦輔助潤滑管理系統是電腦輔助設備管理資訊系統的子系統。這個系統要遵循摩擦學原理，體現按質換油的觀念，體現設備的潤滑狀況和符合企業潤滑管理的運作，實現潤滑檔案、設備換油、用油計畫、油品替代的管理。這一子系統應是一個反映設備現狀和油品狀態相互關聯情況的動態系統。

1.電腦輔助潤滑管理系統功能設計

(1)設備潤滑檔案（包括設備型號、使用部門、設備的潤滑部位、各部位所用油品的品種及牌號、所需油量、油品狀態、潤滑方式、潤滑裝置、發生過的潤滑故障形式和處理對策等）的輸入、修改、記錄刪除、查詢、顯示和列印等。

(2)油品品質管制，例如機械設備用油品常考慮的粘度、酸值、水分、機械雜質、抗磨性等性能指標和在用油品各性能指標的實際檢測值的輸入、修改、刪除、查詢、顯示和列印等。由電腦自動進行數據處理，給出在用油品狀態是可用、不可用、處理後使用等各種結論。

(3)潤滑「五定」管理。

(4)設備清洗換油計畫管理。

(5)油品需求計畫管理。

(6)潤滑設施管理。

(7)潤滑工作檢查評估。

(8)潤滑管理文件、卡片生成。根據輸入的各種資料，設定文件格式，生成潤滑管理文件和潤滑卡片。

2.電腦輔助潤滑管理系統構成

電腦輔助潤滑管理系統包含有六個功能表，即潤滑檔案、設備換油、用油計畫、油品替代、數據備份及退出；有五個數據庫，即設備潤滑檔案庫、潤滑材料檔案庫、設備用油檔案庫、油品替代庫和決策支援函式庫；能提供數據的輸入、輸出、列印、刪除、修改及查詢功能，對非每班換油的設備進行換油提示；對設備用油進行詳細記錄，且提供用油結存原因，既可節省用油又對設備用油起監督作用，同時本系統提供的油液分析決策支援系統，能為潤滑管理中的科學換油提供決策。

3.組成電腦輔助潤滑管理系統的模組

(1)設備潤滑檔案模組,詳細記錄設備潤滑部位的有關情況。

(2)潤滑材料檔案模組。

(3)設備用油檔案模組。

(4)按時換油模組，顯示設備的用油情況，具有換油提供功能，對已進行換油的設備或具體部位的提示資訊進行刪除。

(5)按質換油模組。具有油液分析功能，是根據有關標準和油品指標，利用快速檢測儀器判斷油質的劣化程度，實現按質

換油。對進行分析後的油液，有專門的油液分析決策支援系統輔助決策，以決定是否全部更換或者提供更好的處理方法。

(6)用油計畫模組。幫助用戶編制油液的採購計畫，可顯示油品的年度需求狀況及實際用油量、分析用油情況。

(7)油品替代模組。記錄有關管理材料及其可替代的潤滑油的名稱、牌號。以上所有模組均具有查詢、輸出顯示、刪除、修改功能。

第六章

點檢體制的設計和點檢管理

第一節　點檢體制的準備工作

一、點檢的定義

什麼是設備的點檢呢？設備「點檢」定義是：爲了維持生產設備原有的機能、確保設備和生產的安全順行、滿足客戶的要求，按照設備的特性，通過人的「五感」和簡單的工具、儀器，對設備的規定部位（點），按預先設定好的技術標準和觀察週期，對該點進行精心地、逐點地週密檢查（檢），查找其有無異狀的隱患和劣化；爲了使設備的隱患（不良部位）和劣化能夠得到「早期發現、早期預防、早期修復」的效果，這樣的對設備的檢查過程，稱之爲「點檢」。

點檢的對象是企業的各種設備，由建築物開始，包括基礎、機械設備、電氣設備、儀錶、自控、資訊化設備、各種加熱爐設備等，以及環境管理、水、氣、蒸汽、動力等附屬設備。這些設備各有各的特點，在技術上也各不相同的。從其構成的部分，假如以專業來分，有機械、電氣、儀錶、自控、資訊系統（IT）、窯爐、土木建築等。

設備隨著生產的運行而劣化，逐漸損耗，其結果將產生磨損、剪切、損壞、彎曲、破損、龜裂、燒壞、接觸不良和腐蝕等現象，以致造成故障，設備的性能、精度下降，導致減產、產品質量下降以及生產廢品。對此，設備管理人員應掌握其變

化，並採取對策。設備管理從掌握設備狀況開始，這就需要對設備進行必要的點檢。

　　點檢管理的目的是對設備進行檢查診斷，以儘早發現不良的地方，判斷並排除不良的因素，確定故障修理的範圍、內容，編制工程實施計畫、備品備件供應計畫等精確、合理的維修計畫，這就是設備管理最根本的要求。

表 6—1 「5W2H」的內容

廣義理解原文	中文含義	主要涉及的對象	理解爲	相當於	用於思考	用於改進
Who	何人	責任者、牽頭人、負責人、擔當者、主持人	給誰 把誰 和誰	定人員	爲什麼要他幹	能否換別人幹
Why	爲何	理由、原因、動機、出發點	爲何做 爲何要 爲何改	定理由	有沒有必要幹	理由充分嗎
What	何事	內容、標的、項目	是什麼 把什麼 做什麼	定內容	這件事的本質是什麼	能否幹別的事
Where	何地	場所、施工點、方向、地點、監控點、部位	在那裏 到那裏 把那裏	定位置	爲什麼在此處幹	改個地點、位置幹行嗎
When	何時	時間、日期、期限、週期	從何時 到何時 除何時	定時間	爲什麼此時幹	換個時間幹行嗎
How	如何	手段、工序、方法、流程	怎麼樣 如何做 怎樣用	定方法	爲什麼這樣幹	是否還有更好的辦法
How Much How many	何程度	目的、目標	做多少 何程度 啥標準	定標準	幹到什麼程度和水準才行	能否再提高或者降低標準

二、點檢工作的準備

1.第一個是定地點

要確定點檢設備關鍵部位，薄弱環節。

「定地點」：預先設定好設備的故障點，詳細明確設備的點檢部位、項目和內容，以使點檢人員能夠心中有數，做到有目的、有方向地去進行點檢。

點檢要「定地點」，就是要「確定點檢設備關鍵部位，薄弱環節」，就是要找出設備的故障點。

表 6—2　性能劣化的兩種形式

劣化形式	意義	舉例
性能降低型	在使用過程中，設備的產量、效率、精度等性能以及電力、蒸汽效率逐漸降低的類型	空氣分離設備 清潔泵 電解槽
突發故障型	在使用過程中，設備性能降低不多，但因部分零部件損壞零件後即可修復的類型	機械斷軸 電力斷線 高壓容器的損壞

劣化現象和原因可以從設備本體質量、維修質量、點檢質量和操作保養質量等方面來分析，這些原因大致可歸納爲四方面：

①設備本身的原因：設備本體素質不高。設計不合理、機件強度不夠、形狀結構不良、使用材料不當、零部件性能低下，

機體剛性欠佳造成斷裂、疲勞和蠕變等現象。

　②日常維護的原因：點檢、維護質量不高。污垢異物混入機內、設備潤滑不良、緊固不良、絕緣、接觸不良，造成機件性能低下、機件配合鬆動、短路、得不到及時改善和調整等現象。

　③修理質量的原因：維修質量低劣。修後設備安裝不好、零部件配合不良、裝配粗糙、組裝精度不高，選擇配合不合要求，造成偏心、中心失常、振動、平衡不佳等現象。

　④操作及其它的原因：操作水準低、操作保養質量差。超負荷運轉、技術上調整不良、誤操作，拼設備、不清掃，溫濕控制差、欠保養，風沙、浸水、地震，造成設備運轉失常等現象。

　根據日本某案例廠一年的故障實績資料證明：鬆弛脫落的劣化故障佔 22.3%；龜裂、破損、折損的劣化故障佔 12%；磨損劣化故障佔 8.5%；疲勞劣化故障佔 7.3%；潤滑不良劣化故障佔 6.5%；其他劣化故障佔 30.6%。

　某廠，某一年的故障實績資料證明：鬆脫劣化故障佔 11%；接地短路劣化故障佔 4.8%；操作、技術劣化故障佔 20%磨損劣化故障佔 25%；潤滑不良劣化故障佔 5.4%；其他劣化故障佔 33.4%。

　原因分析證明，減少停機時間，加強點檢和操作使用保養質量，還有很大潛力。

　縱觀設備故障的後果，往往是損失巨大的，但故障的起源，往往是設備的某一個細小的零、部件，個別點的損壞，而不是

設備的全體，因此，抓住設備易損的隱患或故障的薄弱點，以及該點要損壞時出現的現象，就可以避免故障的延伸和擴大。

表 6—3　日點檢作業表

日點檢作業表				年　　　月　　　No.				
設備編號：		設備名稱：		檢查者：			審核	
冷水裝置	檢查項目	允許狀態	月日	月日	月日	月日	月日	月日
	觀察鏡破損	無裂紋及破損						
	觀察鏡水銹	無水銹						
	冷卻水	充足						
	冷卻水管	不洩漏						

「定」點檢員在點檢設備時，必須監測的「點」。按照經驗法確定範圍可以分為三類：

- 主作業線設備：是指直接參加生產工廠產品的技術線上的設備。如汽車裝配線、煉鋼轉爐、鋼板軋機、石化生產線、家用電器組裝流水線等生產線設備。
- 輔助生產作業線設備：是指輔助於生產工廠產品的輔助作業線設備。如供配電、動力、原料處理設施、港口機械、給排水處理等設備。
- 其他預防維修設備：是指單機性，必須採取預防性檢查的對象設備。如機修、運輸、起重等設備。

點檢部位（點）範圍對於機械（機構）而言主要集中在旋轉和滑動部位，如轉動部位及轉動件，滑動部位及滑動（動作）件。對於機體（結構）而言，主要集中在地基連接部、機架受力部位、高強度接觸部位、原材料粘附部位和受腐蝕結構及機件。對於電氣部件（線路）而言，主要是受電部件、線路接點、絕緣部、聯鎖部、控制系統、電氣、儀錶元件部位等。而其他部位（因其他原因劣化部），集中在技術作業部件、生產產品接觸部件等。

　　表 6—4 更詳細地說明「設備上隱患或故障的部位和跡象」，即點檢需要監測劣化狀態的診斷點及其表現的狀態。

表 6—4　　點檢查找隱患的部位和跡象

	監測劣化狀態的診斷點	劣化及隱患或故障的表現狀態
機械的監測	受力、超重、衝擊、振動、摩擦、運動等	變形、裂紋、振動、異音、鬆動、磨損等
電氣的監測	電流、電壓、絕緣、觸頭、電磁、接點等	漏電、短路、斷路、擊穿、焦味、老化等
劇熱的監測	輻射、傳導、摩擦、相對運動、無潤滑等	洩漏、變色、冒煙、溫度異常、有異味等
化學的監測	酸性、鹼性、異覺、電化學、化學變化等	腐蝕、氧化、剝落、材質變化、油變質等

　　由表 6—4 看出，診斷設備劣化的監測可以從機械的、電氣

的、劇熱效應的和化學的四個方面進行。也就是說點檢查找隱
患的部位和跡象，即點檢員對設備要進行「點檢」的「點」，如
機械的監測，對機械設備的固定部分、旋轉、滑動部分中，那
些可能存在有受力、超重、衝擊、振動、摩擦、運動等狀態，
並預測可能會發生變形、裂紋、振動、異音、鬆動、磨損等現
象的地方，就必須確定為點檢的「點」。

　　同理，對電器、電氣裝備上，那些可能存在有電流、電壓、
絕緣、觸頭、電磁、節點等狀態，並預測可能會發生漏電、短
路、斷路、擊穿、焦味、老化等現象的地方，也必須確定為點
檢的「點」。

表 6—5　點檢計畫分類表

種類		點檢方法	承擔部門	週期	內容
日常點檢		運轉前後及運轉中，憑五官感覺檢查	點檢部門	按每個設備裝置定週期	檢查狀況良好
定期、長期點檢	重點點檢	運轉前後及運轉中憑五官及用測量器具的檢查	點檢部門	按每個設備裝置定週期	振動、音、熱、鬆動、磨損等
	解體點檢	設備停止時，用五官及測量器具檢查	點檢部門	按每個設備裝置定週期	磨損、給油、整流子面等檢查
	循環維修點檢	從設備裝置中將循環、重覆維修的部件卸下解體檢查	點檢部門	按每個部件定週期	磨損、腐蝕、探傷、絕緣劣化等調查
精密點檢		運轉中或停機時使用特殊測定器具檢查	維修技術部門	根據維修部門委託而定	振動、應力、超聲波探傷

除此以外，那些可能存在有輻射、傳導、摩擦、相對運動、無潤滑等或酸性、鹼性、異覺、化學變化、電化學等狀態，並預測可能會發生洩漏、變色、冒煙、溫度異常、有異味等或腐蝕、氧化、剝落、材質變化、油變質等現象的地方，都必須確定為點檢的「點檢點」。

　　另外，有關安全、防火、環境、健康，以及可能造成產品質量劣化的典型結構、位置也應該列為需要點檢的部位。

2.第二個是定項目

　　確定點檢項目即檢查內容（技術水準匹配，儀器儀錶配套）。

　　(1)點檢項目的分類。按點檢的類型分類分為：

- 良否點檢：對「性能下降型」的劣化，只進行對劣化的程度檢查，並判斷其維修的時間。
- 傾向點檢：對「突發性故障型」的劣化，對劣化的程度進行點檢，並預測其壽命和維修、更換時間。

　　按點檢的週期分類分為：

　　①日常點檢：主要是依靠五感進行外觀檢查，在設備運轉中（或運轉前後）由操作工承擔的點檢稱日常點檢，也稱生產點檢或操作點檢。日常點檢的週期通常在一週以下。

　　②定期點檢：定期點檢不是在設備發生故障之後進行，盡可能在發生故障之前，依靠點檢發現異常情況，是減少損失的一種手段，也就是通常所說的預防性檢查。主要是通過點檢人員的五感來進行檢查，同時，也用各種檢測儀器來進行檢查，然後，將各設備的檢查結果作為連續的履歷記錄下來，再進行

綜合性的研究，制訂最恰當的維修計畫。

所謂定期點檢是在設備運行前後，用人的五感及檢測儀器進行，週期爲 1—4 週之間，和日常點檢一樣，基本上是外觀性的，以此來預測設備內部。

定期點檢根據方法不同又分爲兩種：

• 週例點檢：即在一個月內要進行的重點點檢項目。

• 重合點檢：專職點檢人員對一個月內點檢的項目中與日常點檢重合進行，詳細的外觀檢查，用比較的方法來確定設備內部的工作情況。

③長期點檢。爲瞭解設備磨損情況和劣化傾向對設備進行的詳細檢查。檢查週期一般在一個月以上。

長期點檢基本包括兩個方面：

• 解體點檢：所謂解體點檢，是對那些在調換部件時不能點檢的重要設備，將停止運行一段時間，在現場解體進行的內部檢查，並更換易損件等。這種在現場進行的修理工作，稱爲補修。

• 循環維修點檢：循環維修點檢是按照設備的每個部件（元件），或決定某一個週期，把調整下來的部件送到修理廠解體檢查，並作記錄。將換下、修理、組裝起來的作備品。這種修理也稱離線修理。

④精密點檢。由專門技術小組使用專門的精密儀器或其他綜合性調查的手段，對設備進行的定量測定稱精密點檢。精密點檢可以是定期的也可以是不定期的，由點檢提出委託計畫，或配合檢修，根據點檢的要求進行，其測定的數據都應及時反

饋給專職點檢人員，以便系統把握狀態數據和實績分析，決定維修對策。

按點檢的方法分類爲：

- 解體點檢：在設備現場進行分解點檢，這種點檢一般都屬於工程性的項目，也就是點檢提出工程項目，委託給檢修方解體檢查。

- 非解體點檢：在設備現場作外觀性的觀察檢查。這種點檢一般都是由點檢人員自己完成。

(2)點檢項目的基本內容。日常點檢工作的內容爲：

點檢：依靠視、聽、嗅、味、觸等感覺來進行檢查，主要檢查設備的振動、異音、濕度、壓力、連接部的鬆弛、龜裂、導電線路的損傷、腐蝕、異味、洩漏等。

修理：螺栓、指標、片（塊）、熔絲、銷及油封等的更換，以及其他簡單小零件的更換及修理。

調整：彈簧、傳動帶、螺栓等鬆弛的調整，以及制動器、限位器、液壓裝置、液壓失常和其他機器的簡單調整。

清掃：隧道、工作臺（床）、航梯、屋頂等的清掃，各種機器的非解體拆卸清掃。

給油：對給油裝置的給油，給油部位的給油作用檢查、更換。

排水：排除空氣缸、煤氣缸、管道篩檢程式各配管中的水分以及各種機器中的水分。

定期點檢（長期）的業務內容爲：

- 點檢標準、給油脂標準的編訂、修改。

• 作業卡（計畫表）的訂制及實施。

• 維修計畫的編制及實施中的協調。

• 數據計畫的編制及組織落實到施工現場。

• 點檢區設備維修費用的預算、掌握、控制。

• 劣化傾向管理的實施和掌握。

• 參加事故分析和處理。

• 改善研討。

• 資訊傳遞，狀態情報提供。

• 溝通日常點檢的業務，指導日常點檢工作。

精密點檢的內容，如表 6—6 所示。

表 6—6 精密點檢內容

項　　目	內　　容
定期精密點檢及異常診斷	按精密點檢計畫表進行劣化傾向檢查，由地區進行的異常診斷。
設備故障調查	重要設備的故障狀況調查及原因分析
設備綜合性調查	在維修方法，為獲得有問題的設備解決方案及判斷更新時間而進行的綜合性調查
施工記錄，試運轉	大修和故障修復方案的決定，試運轉的精密測定；施工記錄
購入零件的管理檢查	購入零售的驗收檢查和合格判斷
精密點檢器具的管理	用具的領用、管理

3.第三個是定人員

確定點檢人員（按照不同點檢分類確定）。按照「點檢的分類」方法，雖然可以按點檢種類、點檢方法和點檢週期分成各種不同的「點檢」，但從各種不同點檢的實施者來看，不外乎分成：生產系統的操作人員、設備系統的專職點檢人員和技術系統的精密點檢人員三大類。

設備的「日常點檢」是設備點檢的基礎，設備的「日常點檢」由企業生產系統的操作人員擔任。由於設備「日常點檢」的工作量大、連續性強，而且又是時時、天天、月月、年年，循環往復地、不間斷地進行，因此，做好這項工作的關鍵是要使生產系統的操作人員具備相當高的素質。

生產系統的操作人員要掌握「五會」，即：會正確操作、會日常維護點檢、會停送電操作、會運行管理、會排除故障。

這類專業性很強的「技術型」生產工人，應該具備：

• 較高的文化水準，一般達到高中以上水準。

• 較深的技術知識和操作技能，要經過專門培訓。

• 掌握基礎理論知識，熟悉設備性能、結構、特點，會維護、保養的技能。

• 高度的責任感，吃苦耐勞、扎扎實實地工作。

• 高敏感度，善於發現問題，有分析總結的能力，靈活排除故障、內外聯繫本領。

• 善於開拓，注重資訊的處理，堅持 PDCA 不斷循環工作。

設備系統的專職點檢人員的配置，是按照企業的產品生產線來設置的。原則上，每條主作業線（按照生產工序的繁簡、

設備裝置的多少）配置有一個、幾個或幾條生產線合：一個機械專職點檢小組、電氣專職點檢小組和儀錶專職點檢小組，每個小組定員爲 3─5 名點檢人員。

由於「設備專職點檢」不是一種純技術工作，也不是單一的管理工作，它是一項專業技術與管理技術互相有機結合體，二者不可分割的綜合性技術工作，所以對設備系統的專職點檢人員的素質要求，不同於參與設備維修的生產系統操作人員和單一從事設備維修的設備工人，也有別於一般的管理幹部和技術幹部。

設備系統的專職點檢人員的基本條件是：

- 掌握現代化設備管理的基礎理論，具有一定的管理能力及較強的管理意識。
- 有較寬知識面，有較扎實的專業知識和豐富的實踐經驗。
- 能使用多種的基本測試設備、診斷儀器儀錶以及各類特殊工具，在技術技能上是多面手。
- 具有一定的組織能力，橫向工作的協調能力，以及較強的口頭、書面的表述能力。
- 有強烈的安全意識和責任感，並融彙到現場實際設備點檢工作中去。
- 具有一種開拓向上、勇敢進取，不怕困難的工作品格，爲設備的現代化管理推進而敢於犧牲自己利益的精神。

設備系統的專職點檢人員的準備是一項重要工作。企業要從企業相應的人員中（如：生產操作人員、設備維修技術人員和設備維修人員），物色合適的人員，進行業務對口培訓，因爲

企業的點檢人員，只有靠企業自己來培養。同時要進行「專職點檢人員」的選拔和培訓，並取得上崗證。

在日本，對專業點檢人員，都要經過嚴格的特殊的培訓，合格後才能擔任設備專職點檢員，一般企業培養一個優秀的專職點檢員，需要 5—9 年的時間。

由專職點檢人員委託，企業技術部門的專業人員運用精密檢測儀器、儀錶，對設備進行綜合性測試調查或運用診斷技術測定設備的振動、應力、溫度、裂紋變形等物理量，並對數據進行整理分析比較，定量地確定設備的技術狀況和劣化程度，判斷出處理方式的過程，即為精密點檢。

由於「精密點檢」不是一個完全定期的項目，所以精密點檢的人員也不是完全固定的。

那麼，如何來「定」精密點檢的人員呢？

原則上，精密點檢的人員是由設備系統的工程技術人員組成，但工作需要時，可以邀請企業內，甚至跨企業、跨行業地邀請企業外的專業技術專家，來共同組成精密點檢小組。

按照需要「精密點檢」對象的問題性質，酌情委託或邀請一位或數字對口的專家或工程技術人員。

按照需要「精密點檢」對象問題的重覆性，可以設置固定的小組，定期地對其進行精密點檢；也可以按「虛擬團隊」的形式，組成不定期、不固定形式的靈活小分隊，實施不同委託的精密點檢。

4.第四個是定週期

「定週期」，即是指「確定點檢週期」。什麼是「點檢週期」

呢？「點檢週期」是指在正常的情況下，在確保穩定、真實的前提下，從這一次對設備上指定的檢查點進行點檢，到下一次再進行點檢時的時間間隔，稱之為點檢週期。故對於設備上估計的故障部位、項目、內容點，均要有一個明確的預先設定的點檢週期，並通過點檢人員素質的提高和經驗的積累，進行不斷的修改、完善，摸索出最佳的點檢週期，以確保設備正如人們的例行體檢一樣，醫療機構對人體的重要部位、器官進行健康保健檢查時，一般也有一定的間隔，設備上也是一樣，有的項目每天、每班都要檢查，如：軸承溫度、換向器的火花、潤滑給油狀況等，有的部位則幾天查一次，如：箱體振動、電器保護整定值的調整、儀錶對零等，更有幾個月或上年的，如：機架變形、滑道磨損、電動機絕緣老化等。

確定點檢週期的長短一般要考慮以下幾個要素：

(1)點檢週期與 P-F 間隔有關。P-F 間隔期是設備性能劣化過程從潛在故障發展到功能故障的時間間隔。潛在故障不是故障，但已經存在可感知的跡象，相當於人處於「亞健康」狀態；功能故障是使設備喪失功能的故障，是真正意義上的故障。如果 P-F 間隔是 4 個月，預防維修的準備需要 1 個月，那麼點檢週期設定在 3 個月可以保證有一次點檢落在 P-F 間隔，同時留有 1 個月的準備時間。因此，「P-F 間隔」理論是指導「確定點檢週期」的主要根據。

(2)點檢週期與設備的安全運行有關。在正常的情況，以及確保穩定、真實的前提下，即指必須要保證設備運行安全，點檢週期的長短，不能超過設備功能故障發生的時間，否則，就

失去意義了。

(3)點檢週期與設備運行的生產製造技術有關。設備是為生產、製造產品服務的，生產製造技術簡單，設備功能相對也就單一，點檢週期可長一些；反之，產品精密，生產製造技術繁雜，對設備要求高，點檢就需勤一些，幾乎每班，甚至一個 8h 裏，要點檢數次才行。其次，還與技術的可行性有關，如：旅客列車、航班飛機的點檢，必須在停站時才能進行，這時的點檢週期，就必須是這一站路程的時間，所以在火車停站時，人們經常會聽到有鐵路員工拿著點檢錘，在點檢敲擊機車的避振彈簧、機車輪轂等的聲音。

(4)與設備的負荷、耗損有關。一般來說，負荷愈大、耗損愈劇烈，相對點檢的週期就應該愈短，表 6—7 給出了起重機的點檢週期設計。

表 6—7　起重機的點檢

設備部件名稱：重型橋式起重機	點檢內容	點檢週期
起重機專用走行鋼軌	鋼軌表面有無裂痕、損傷和起皮	日常點檢，每 1 天
鋼軌壓板螺栓	鬆動、斷裂、短缺	日常點檢，每 1 天
走行輪軸承	異音、發熱、振動、潤滑給油	日常點檢，每 1 天
主捲制動器	磨損、發熱、鬆動	定期點檢，每 1 週
走行車輪	表面有無裂痕、損傷和起皮、哨邊	定期點檢，每 1 週
各個減速機	外表總體點檢	定期點檢，每 1 週
捲上捲筒減速機	解體點檢	週期點檢，每 1 年
車輪走行減速機	解體點檢	週期點檢，每 5 年
電氣開關，機側盤	開放點檢	定期點檢，每 6 月
電氣開關，電源盤	開放點檢	週期點檢，每 3 年

(5)在沒有參考、設有先例的情況下,如何來確定點檢週期。可以採取「逐點接近法」。首先,人為預定一個時間來實施之;然後觀察其結果是否在這個間隔期中,有隱患或故障出現。如有,則縮短點檢時間再試之;如兩次檢查間平安無事,可以適當拉長點檢時間實施,以觀後效。

重點點檢和長期點檢週期,一般有一個月以內的重點點檢和一個月以上的解體點檢和循環維修點檢。由於條件的不同,不可能作出統一的決定,一般可以認為根據預防維修(PM)的程度,按以下幾個方面來決定週期:

①參照產品樣本、使用說明書以及附帶數據,首先確定點檢週期,在進入實施的同時,作好維修記錄。

②綜合參考維修記錄(至少在半年或一年以上)和生產情況等,研究故障的部位和零件,同時,根據其他同類設備的資訊及經驗,在上述基礎上更進一步確定週期。

③參照維修記錄,同時考慮設備性能劣化的傾向,由劣化所帶來的損失和檢查修理等維修費用,而後確定點檢週期。

定期點檢一方面要與生產計畫緊密結合,並按照定修計畫進行工作;另一方面,就是所謂點檢員要積累經驗,實施「點檢週期」可調化,進行不斷的修改、完整,摸索出最佳的點檢週期。

5.第五個是定方法

即確定點檢方法(解體,非解體,停機,非停機,五感,儀錶)。

點檢的方法與點檢的分類有密切的聯繫。

(1)日常點檢。按照 TnPM 的維修指導觀念，生產操作人員必須參與設備的維修活動，其活動的範圍及內容，與管轄本區域設備的點檢員，以協議的形式確定。因此，生產方在進行生產操作、檢查的同時，要進行設備的狀態檢查。這種由生產操作人員承擔的設備檢查，稱爲日常點檢。

　日常點檢的內容如下：

　利用「五感」點檢：依靠人的五官，對運轉中的設備進行良否判斷。通常對溫度、壓力、流量、振動、異音、動作狀態、鬆動、龜裂、異常及電氣線路的損壞、熔絲熔斷、異味、洩漏、腐蝕等內容的點檢。

　邊檢查邊清掃：清除在生產運行過程中產生的廢料（液），防止被掩埋了的設備性能劣化或損壞。此項工作應在生產巡檢時及時進行，按程序及時處理劣化的設備，防止故障的擴大。

　做好緊固與調整：在五感點檢過程中，如已發現了鬆動和變化時，在確認可以實施恢復和力所能及的前提下，應該予以緊固與調整，並記錄在案、及時地報告和傳遞資訊。

　日常點檢的方法與技巧包括：

　日常點檢表的確認：按設定的日常點檢表逐項檢查，逐項確認。

　點檢結果的處理：點檢結果，按規定的符號記入日常點檢表內，在交接班時交待清楚並向上級報告，對發現的異常情況處理完畢，則要把處理過程、結果立即記入作業日誌；對正在觀察、未處理結束的項目，必須連續記入符號，不能在未說明情況下自行取消記號。每班的點檢結果，生產作業組長都要認

真地確認,簽字。

不同要求的三種點檢:根據不同崗位,不同要求,一般每個作業班,都要進行三種點檢。即:

- 靜態點檢:停機點檢,要求做到逐項逐點進行。
- 動態點檢:不停機點檢,要求做到逐項逐點進行。
- 重點點檢:隨機進行,重點部位認真檢查。

一個班的點檢作業,可能要分幾次點檢。因此,在做操作檢查時,要事先設定好,進行設備日常點檢的「點檢路線」是極為重要的。其一,可以避免重覆點檢,提高點檢效率;其二,可以防止點檢項目漏檢,保證點檢的到位。

(2)良否點檢在使用「五感點檢法」,需要判別檢查點良否的知識,包括:

①振動知識。人體對振動的感覺界限,一般在適當的轉速下,單振幅在 5μm 時,就不容易感覺到。當一台 15—90kw、3000r/min 的交流電動機,安裝在牢固的基礎上時,其單振幅允許在 50μm 以下。用手感判別振動的良否,可以用一支鉛筆,筆尖放在振動體上,如果垂直放置的鉛筆,發生激烈的上下跳動,而且向前移動時,就有超值的可能,需要進一步用專用「振動測定儀」測定其振動值。

用手感判別振動良否,往往採用相對的比較法來確定,因此對新安裝的設備的原始振動手感度(或用鉛筆跳動法)的把握是很重要的。另外,還可以通過用同規格的設備相互比較的方法,來確定振動是否存在差異。總之,經驗判別方法是很多的,這對生產操作的日常點檢是尤為重要的。

②溫度知識。使用半導體溫度計來測定設備的溫度變化，當然是最爲理想，此法多數用在新安裝或修理完畢需要觀察溫升的情況下。在日常點檢的過程中，往往採用手指觸摸發熱體，來判別溫升值是否屬於正常。

手指觸摸判別溫度的技巧是：用食指和中指，放在被測的物體點上，根據手指按放後，人能忍受時間的長短，來大致判斷物體的溫度。

③鬆動知識。

a.用目視法觀看螺栓是否鬆動。一般在緊固的螺栓上，總會粘有油灰，在存在鬆動的螺栓上的油灰、形態有別於未鬆動的螺栓，往往會出現新色、脫落的痕跡。

b.用「點檢錘」敲擊被檢查的螺栓。若敲擊聲出現低沉沙啞的情況時，同時觀察螺栓週圍所積的油灰出現崩落的現象，基本上能判斷出是否存在鬆動現象。對存有懷疑的螺栓用扳手緊固確認。

c.最好在螺栓緊固時，用有色油筆在螺栓和固定底座之間，畫一道細細的直線。再次點檢時，如發現螺栓和底座之間的直線已經對不準了，即說明螺栓振鬆了。

④聲音知識。對轉動的設備是否存在缺油、斷油、精度損失，可以用測聽聲音的辦法來判別其狀態。常用的是用「聽音棒」，判斷的正確率取決於各人的經驗，因此對生產操作日常點檢人員來說，要對新安裝的設備不斷地測聽，熟記該設備運轉時所發出的特徵音。

聽音技巧描述如下：

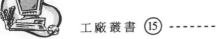

a.使用「聽音棒」測聽時，聽音棒前端要形成 R1.5 的圓形頭。另一端要形成一個不小於 φ 15 的圓球。聽音時要注意：該圓球要按放在小耳上，不要直接放在耳孔內，以防產生意外的外力而損傷耳膜。

b.軸承的正常轉動聲音是均勻、圓滑的轉動聲。若出現週期性的金屬碰撞聲，提示著軸承的滾道、保持架有異常。當出現高頻聲，則往往是少油、缺油現象，結合溫升進行綜合判斷。對電動機的磁聲判別：正常的磁聲是連續的、輕微的、均勻的沙沙響聲。有異物進入定轉子的間隙或者偏心時，這種連續聲被破壞，不再出現。

c.要鑒別某一頻率的聲音時，一定要集中觀念，腦子要專心地捕捉這一頻率特徵的聲音，這樣當其他頻率的聲音波進入耳中時才會被濾掉。

聽音，很大程度是要靠經驗。所以，有的老工人，人還未進廠房，已經能聽到機器設備有異音，估計可能是什麼毛病了。

⑤味覺知識。通常不太應用「嘗」字，因要「進入口中」，故要十分謹慎，除非在特殊場合，如電化學、化學範疇，急需鑒別酸性和鹼性時，在特別有經驗的人員和確保對身體無害的前提下，方可實施。

⑥電氣、儀錶點檢知識。溫度、濕度、灰塵、振動是影響電氣、儀錶性能發揮的主要因素，故用「五感」也能作一個大致的判斷。

灰塵堆積處、沾汙部位以及外觀損傷處往往是故障多發點。在對這些部位進行五感法檢查時，不要使儀錶盤內處於工

作狀態下。

　　大量使用接插件及接線端子的儀錶系統，同樣存在接觸狀態是否可靠的隱患，日常點檢時，也要列入重點檢查範圍，其技巧有：

　　a.用手拉、推、搖，一般能檢查緊固接插件的彈簧是否脫落，螺釘是否鬆動，接線端子螺釘是否緊、鬆、好等。

　　b.用耳聽，一般可檢查接觸端子是否有輕微的放電聲音，插座或繼電器是否有不正常的跳動聲。

　　c.用眼觀察，可發現接線的脫落、緊固繼電彈簧脫落等。

　　d.以手觸摸發熱體停留時間長短，判斷大致的物體溫度。另一種比較粗糙的估計溫度的高低，是利用人的面部感覺，來判別儀錶箱體內溫度的高與低，以及高於 100℃的物體，如電烙鐵、大功率線繞電阻等。注意：只能靠近，不能接觸。

　　c.盤裝儀錶通常不應產生振動，當有振動存在時，一般是由週圍物體的振源傳遞而來，因此要首先檢查避振元件、儀錶與機架的安裝情況。調節閥潤滑不良，全行程中存在卡殼時，也會發生振動。否則與產生振源的方面聯繫，消除異常的振動發生。

　　f.電氣、儀錶在用「五感」進行點檢時、常常配以簡單的工具，如旋具、萬用表、測電筆、扳手等。表 6—8 表示「五感」點檢的範圍。

表 6—8 「五感」點檢範圍

項目 電氣、儀錶		表面灰塵損傷	電氣接觸	溫度	濕度	振動	異音	洩漏	指示計	磨損
手	觸摸、推、拉、敲擊	○	○	○	○	○		○	○	○
鼻	嗅			○				○		
耳	聽		○			○	○	○		
眼	觀察	○	○	○	○	○	○	○	○	○

「○」利用面部溫度感覺

⑦故障點尋找技巧。故障發生部位的尋找是技術、經驗、邏輯思維的結合。

對發生故障的系統，一般採用逐級進行檢查方法進行。在檢查中根據故障現象和故障顯示，進行重點針對性檢查。

當系統中出現故障現象在一個以上，在尋找時也應從只有一個故障部位角度考慮。不要急於變動系統的可調部分。如設定值、可變電阻、電位器等，均應保持在故障發生前的狀態，以防混淆或擴大故障現象。當更換插件板，確定故障時，要逐塊更換。必須杜絕多人指揮，應該實行一人負責，分工查找。動手檢查前，應先檢查是否斷線、短路，接觸不良，執行機構的氣源，液壓源壓力是否正常、熔絲、電源是否正常。

(3)專職點檢員的定期點檢。專職點檢員上崗進行定期點

檢,必須攜帶的點檢工器具標準,如表 6—9 所示。

表 6—9　點檢工器具標準

職務	應帶工器具	職務	應帶工器具	職務	應帶工器具
機械專職點檢員	聽音棒	電氣專職點檢員	聽音棒	儀錶專職點檢員	萬用表(小型)
	手電筒		手電筒		手電筒
	點檢錘		點檢錘		尖嘴鉗
	扳手		扳手		扳手
	旋具		旋具		旋具
			驗電筆		驗電筆
			尖嘴鉗		

　　專職點檢員在現場點檢時,必須使用點工器具,結合點檢技能、經驗,認真進行點檢,及時判斷和發現設備故障隱患或劣化現象,提高設備點檢命中率,並及時進行處理力所能及的異常點。

　　專職點檢員應掌握五感(視、聽、嗅、味、觸)點檢的技能方法及根據經驗,進行五感點檢的有關要領。在實施五感點檢的過程中,要依據點檢標準,認真檢查設備,如發現設備出現異常現象,必須從原理上弄清其發生的原因,並根據原因採取正確有效的措施。

　　設備診斷技術是研究設備故障機理的一門科學,也是從事

設備精密點檢工作必須掌握的一門技術。專職點檢員應掌握設備診斷技術的基本構成、有關方法、實施內容、基本程序及相關設備診斷儀器的性能和使用方法。

(4)精密點檢。精密點檢就是運用精密檢測儀器、儀錶對設備進行綜合性測試調查或運用診斷技術測定設備的振動、應力、溫度、裂紋變形等物理量，並對數據進行整理分析比較，定量地確定設備的技術狀況和劣化程度，判斷出處理的方式。精密點檢的內容包括：

機械檢測——振動、雜訊、鐵譜分析、聲發射等。

電氣檢測——絕緣、介質損耗等。

油質檢測——污染、粘度、紅外油料分析等。

溫度檢測——點溫、熱圖像等。

無損探傷——著色、超聲、磁粉、射線、渦流探傷等。

無損探傷內容如表 6—10 所示。

表 6—10　無損探傷內容特點

NO	名稱	適用缺陷類型	基本特點
1	著色探傷	表面缺陷	操作簡單方便
2	超聲波探傷	表面或內部缺陷	速度快，平面型缺陷速度快
3	磁粉探傷	表面缺陷	適用鐵磁性材料
4	射線探傷	內部缺陷	直觀、體積型靈敏度高
5	渦流探傷	表面缺陷	適用導體材料的構件

振動、雜訊測定主要用於高速回轉機械不平衡、軸心不對

中、聯接鬆動、軸承磨損劣化和齒輪異常等。

鐵譜和光譜分析用以判斷齒輪、軸承等的磨損劣化情況。

油液取樣分析主要利用油液分析儀對油液的劣化程度分析、確定油液使用性能狀態。週期按設定值。

應力、轉矩、扭振測試主要用於傳動軸、軋機架、壓力容器、起重機主樑等。儀器有：全橋應變檢測裝置遙感應變儀、示波器、磁帶記錄儀等。

繼保、絕保試驗用於對變壓器、電動機、開關、電纜的檢測。判斷電氣設備的精確性、安全性和可靠性。按維修技術標準及試驗規程確定檢驗的週期、內容。

對開關類如少油斷路器、磁氣開關、直流快速開關，SF6等接觸電阻測試遮斷值等項目。

電氣控制系統主要檢測內容為：

①可控矽漏電流測試。

②傳動保護試驗。

③傳動系統 APPS（觸發脈衝）及控特性試驗。

④PLC 統測試。

精密點檢部分內容與設備線上監測內容有共同的原理和方法。

6.第六個是定標準

定標準，即確定點檢檢查項目的判定標準（根據設備技術要求、實踐經驗）。

所謂「標準」，即是衡量人們的「行為動作、工作任務」等實施過程的基本準則，也稱為「基準」。

基準可以從管理和技術的不同角度分為兩種，通常把管理上的基準，包括工作程序、規程、規則、步驟、方法等方面的東西稱為基準。而把技術上的基準包括技術的指標、品質的界限範圍、技術上規範等內容稱為標準。

點檢標準是確定點檢檢查項目的判定標準（設備技術要求、實踐經驗）。

點檢標準是點檢人員對設備開展點檢、檢查業務的依據，是編制點檢作業計畫表、卡和如何進行點檢作業的基礎，它規定了對象設備的各部位點檢項目、內容、週期、判定標準值以及點檢的方法、分工、點檢狀態等。

點檢標準的內容如下：

(1)對象設備、裝置等列入管理範圍的部位（如電動機、減速機、或傳動部分等）、項目（軸、軸承、齒輪等）、內容（溫度、磨損量、振動或損傷等）。

(2)確定進行點檢檢查判定是否正常的依據，即檢查的標準值。如發熱的溫度值、磨損的允許量值等。

(3)根據實施點檢檢查的特性所確定的檢查週期、狀態、方法以及實施點檢作業工具、儀器等。

(4)完成點檢作業的分工、日常點檢（即生產方的承擔範圍）和定期點檢（即專職點檢方的業務範圍）分工協議確定。

上述四點解決了一台設備列入點檢的是些什麼內容、用何標準判定、如何進行的方法、以及由誰來進行作業實施的一整套標準化作業。

點檢標準根據專業和使用條件的不同，分為兩大類，即通

用標準和專用標準。

通用點檢標準是指同類設備在相同的使用條件下實行點檢檢查的通用標準，一般多數用於電氣設備和儀錶設備，如高壓旋轉式接觸器，各類高直流電動機、高壓電線、高壓盤以及各種控制器、檢測器等。對於同類型同規格的機械設備，如使用條件相同的話，也可以採用通用性的點檢標準，如泵、風機、輥道等。

一般用於機械設備的均是專用點檢標準，特別用於技術要求特殊、工作環境惡劣及運轉有特別要求的非標設備。

另外，也可按用途不同分成日常點檢標準和定期點檢標準兩種。日常點檢標準適用於生產操作點檢，多數爲定性的五感法點檢。而定期點檢標準則用於維修方專業點檢人員作業實施。

專業點檢人員根據設備使用說明書、維修技術標準表和本人的工作經驗，對所轄設備編制點檢標準。具體由點檢組長組織點檢員編制初稿，經本作業區作業長審查批准，交點檢組長試行。在試用的半年至一年中，根據設備運轉狀態、故障、維修實績等因素，對點檢標準進行一次全面修改。以後每年根據上述實施實績及點檢人員的技能提高和經驗積累，必要時進行修改和完善，以達到活用、有效的管理。表 6—11 給出機械通用的點檢標準典型之例。

133

表6—11　點檢標準典型例（機械通用）

序號	點檢部位	項目	內容	判定標準	點檢週期		點檢分工		點檢方法				
					生產	維修	生產	維修	聽	視	觸	測	其他
1	基礎	螺栓	鬆動或折損	外塗料或積灰無裂紋		1M	O			√			√
2	減速箱	齒輪	油量	油位線	1D	1W	O	O		√			
			齒面磨損	齒厚的20%		1Y	×					√	
			表面龜裂	無		1Y	×			√			
			異音	無	1D	1W	O	O	√				
			振動	無異振		1M	O					√	
		軸承	異音	無	1D	1W	O	O	√				
			溫度	室溫+40℃	1S	1W	O	O			√	√	
			振動	無異振		1M	O					√	
			磨損量	不大於間隙表規定值		2Y	×					√	
			表面損傷	無		2Y	×			√			
3	齒形聯軸器	齒輪	油質			6M	×			√			
			不大於原齒厚30%	不大於原齒厚30%		2Y	×					√	
			龜裂	無		2Y	×			√			
4	滑動軸承	軸瓦	溫度	室溫+40℃	1D	1W							
			異音	無	1D	1W							√
			聯接螺栓	無鬆動	3D							√	
			磨損	3.5倍原間隙		6M	×						
			龜裂	無		6M	×			√			

續

序號	點檢部位	項目	內容	判定標準	點檢週期		點檢分工		點檢方法				
					生產	維修	生產	維修	聽	視	觸	測	其他
5	制動器	制動輪	表面磨損	<30%		6M	×						
			輪面凹凸	<1-1.5m/m		6M	×						√
		閘瓦	磨損	原厚的50%		3M	×					√	
			互輪間隙	1-1.5mm		2W	×					√	
6	輥道	輥子	磨損	原厚的30%		1M						√	
			龜裂	無		1M	×				√		
			聯結螺栓	無鬆動	3D			0/x					√
7	十字頭接軸	叉頭	聯結螺栓	無鬆動		1M	×	×					√
			磨損量	<8m/m		1M	×					√	
			損傷	無		1M	×			√			
8	鏈傳動	鏈條鏈輪	磨損	20%		3M	×					√	
			變形	伸長量2% -2.5%		3M	×					√	
			潤滑	正常工作	1D	1W	0	0		√			
			磨損	<5m/m		3M	×					√	
			損傷	無		3M	×			√			
9	壓下絲杆	絲杆	磨損	原絲牙厚度20%		1M						√	
			損傷	無		1M				√			
		螺母	磨損	原絲牙厚度20%		1M						√	
			損傷	無		1M				√			
		球石墊	磨損	原壁厚的20%		1M						√	

續

序號	點檢部位	項目	內容	判定標準	點檢週期				點檢分工		點檢方法		
					生產	維修	生產	維修	聽	視	觸	測	其他
10	液壓缸	缸	聯接螺栓	無鬆動	1D	1M	0	0		√			
			磨損	<0.5m/m		1M						√	
			密封	無洩漏	3D	1M	0	0		√			
		活塞桿	磨損	<0.5m/m		1M		×				√	
			變形	無	3D	1M	×	×		√		√	
		皮套	破損	無		1M		×		√			
11	液壓泵	本體	異音	無	3D	2W		0	√				
			振動	無異振		2W		0				√	
		軸承	異音	無異音	3D	2W	0	0	√				
			溫度	室溫+40℃	1D	1W	0	0			√		
		葉片	磨損	1/3長度		3M		×				√	

表中符號：Y—年，M—月，W—週，D—日，0—運轉中，S—班。

7.第七個是確定點檢表格

在實施點檢表格時，管轄該區設備的點檢小組，首先要將每台設備的「點檢作業標準」制訂出來，如表 6—12 所示。

工廠設備維護手冊

表 6—12　「點檢作業標準」表格

設備名：　　　　　　　　　　　　　　　　裝置名：

Y：年　　　M：月　　　W：週　　　D：日　　　S：班　　　H：時

編號	部位	項目	內容	點檢週期		點檢分工		設備狀態		點檢的方法					點檢標準	備註
				生產	維修	生產	維修	運轉	停止	目視	手感	聽音	敲診	其他		

　　在前面「六定」的基礎上，根據主作業線設備→非主作業線設備；維修難度高→一般設備的次序，按照「點檢作業標準」的表格，逐項填寫。

　　設備名、裝置名、編號、部位、項目及內容，應該按實填寫。注意編號應該使用企業統一的編碼；生產操作的日常點檢與專職點檢的定期點檢的週期是不同的，應分別填寫，有的企業還包括設備運行部門，這也要將其點檢週期列出，可以用代號表示，詳見右上角的對照；每個部位、項目、內容都應明確點檢分工，點檢的責任者是那個部門；設備狀態是指點檢時，要求設備處於停機狀態還是可以在運轉狀態下進行；點檢的方法是用「五感點檢法」，還是使用一些儀器；點檢標準應該符合設備正常運行的定量數值。

　　需要說明的是：第一，「點檢作業標準」是個動態的、逐漸

137

積累而形成的,需要不斷地修改和補充,所以,開始時不會做到十全十美,而應該是先做起來,實施中發現問題再解決問題;第二,如果有同類項的設備,則可以參考,所以,資訊交流、經驗交換也是十分必要的。

　　「點檢分工協議」,如表 6—13 所示,是由該設備區的專職點檢小組負責起草,將該區的設備在日常點檢和定期點檢的工作中,做一個宏觀上的分工:首先要明確那些是由生產操作的日常點檢來進行,那些是由專職點檢來進行;一般,前面七項由生產操作的日常點檢員進行實施,必須按分工協議認真執行,特別是患情報告,一定要及時反映;其次,「點檢分工協議」每半年制訂一次,專職點檢小組與分廠生產操作的作業小組對口,簽字確認,一式四份,除所述的兩個部門外,一份報分廠設備管理部門,一份交委員會留存;最後,「點檢分工協議」執行的好壞,由分廠設備管理部門考核,並與績效考核掛鈎;雙方實施卓有成效的,上報企業,予以嘉獎。

表 6—13 「點檢分工協議」表

設備名稱	台數	作業分工	作業內容													備註
			操作	檢查、調整	清掃	給油、脂	緊固	日常點檢	患情報告	定期點檢	精密點檢	定期修理	傾向管理	精密檢測	緊急搶修	
		生產														
		維修														
		生產														
		維修														
		生產														
		維修														
		生產														
		維修														
		生產														
		維修														
		生產														
		維修														

「日常點檢計畫表」，如表 6—14 所示，是點檢實施日常作業的依據，是實施點檢的重要文件。此表適用於生產操作的日常點檢、專職點檢的定期點檢以及相關人員的點檢計畫；應填清楚設備名、裝置名、部位項目名稱及週期；一般此週期的長度，不會超過一個月。填表時「週期」的代號在表的右上方詳

139

述；此計畫表設定為一個月，以每天為基本單位，如有點檢的
項目，應在此項下作一記號；應將這一個月的點檢計畫，在橫
行上面都列出，這樣，將縱向方面匯總，即是每天必須點檢項
目的計畫，在此基礎上，即可估計點檢時間、安排點檢路線，
實施點檢作業；點檢計畫表也是個動態的表，定期要進行核對、
驗證和確認，有必要時可以進行修改和改進。

表 6—14　日常點檢計畫表

設備名：　　　　　　　　　　　Y：年　M：月　W：週　D：日

裝置名					
部位、項目的名稱					
週期	第一週				
	1 2 3 4 5 6 日				
	第二週				
	1 2 3 4 5 6 日				
	第三週				
	1 2 3 4 5 6 日				
	第四週				
	1 2 3 4 5 6 日				
	第五週				
	1 2 3 4 5 6 日				
備　註					

「長期點檢計畫表」又稱「週期管理表」如表 6—15 所示，有時也用於「傾向管理、精密點檢計畫表」之用，他是實施長期點檢作業的依據，也是實施點檢的重要文件。

表 6—15　長期點檢計畫表

設備名：　　　　　　　　　　　　　　　　Y：年　　M：月

裝置名	部位、項目名稱	計畫/實際	_____年度 1 2 3 4 5 6 7 8 9 10 11 12	_____年度 1 2 3 4 5 6 7 8 9 10 11 12	備註

此表僅適用於專職點檢的長期點檢以及相關設備技術人員的傾向、精密點檢計畫；首先。應填清楚：設備名、裝置名、部位項目名稱及週期；一般此週期的長度都超過一個月甚至於到「年」，填表時「週期」的代號在表的右上方詳述；此計畫表設定期爲三年，以每一個月爲基本單位。如有長期點檢的項目，應在此項下作一記號；應將這一個週期的點檢計畫，在橫行上面都列出，這樣，將縱向方面匯總，即當年每個月必須點檢項目的計畫，在此基礎上，即可估計點檢時間、安排點檢人員、準備點檢工具、實施點檢作業；由於有些傾向管理和精密點檢的週期比較長，所以，也可以使用此格式的表格。其次，爲了便於使用和核對，在每個項目欄裏，有「計畫／實際」兩格，

應分別做記號，即計畫時先做一個記號；待計畫實施後，再作一個「完成」的記號；長期點檢計畫表也是個動態的表，定期要進行核對、驗證和確認，有必要時可以進行修改和改進。

8.第八個是定記錄

即確定點檢記錄內容項目及相關分析。點檢在實施「點檢業務」之前，首先要規劃點檢在設備管理業務中應掌握一些什麼樣的設備運營實態資訊數據，包括：點檢需要記錄內容的項目、相關的分析，以及點檢總結、疏通業務、研討改善對策、修正標準、預算計畫並實行管理的 P.D.C.A 循環，這是點檢管理規劃化、標準化的反饋部分。

正確登錄設備在點檢中的各類數據、整理實績、分析點檢檢查的結果，從中獲得改進工作的啟迪和良策。它包括點檢實績檢查記錄內容和相關的點檢檢查實績分析兩部分。

點檢實績記錄內容包括：

(1)點檢結果的記錄表：主要是設備狀態缺陷，處理記錄，包括點檢檢查表，缺陷記錄表，週期表、給油脂實施記錄表。

(2)點檢日誌：記錄專職點檢員一天的作業情況。其要點是：

①記錄點檢活動的一天軌跡。所以要每天及時記錄，不能集中處理。

②記錄按時間順序的過程。

③對重點的地方或者需要引起注意的事項，用*號或彩色標出。

④日誌的內容，不僅要記錄活動的流水帳，更要記錄對比問題的分析、判斷、對策、結果等（5W2H）內容。

142

⑤點檢班組長要檢查（每天）點檢日誌；點檢作業長至少要每週，對點檢班組長的作業日誌進行檢查；分廠設備管理部門的領導，至少一個月一次，對作業長的日誌進行檢查，以上都應簽上名。

(3)缺陷、異常的記錄：記錄在點檢實施中設備的缺陷異常情況，並將處理的結果，列入維修計畫的內容和必須改善的部位等。

(4)故障、事故的記錄：記載主作業線設備故障及其設備事故的部位、內容、造成的原因以及採取的對策和吸取的教訓，並向點檢作業長提出故障、事故報告書。

(5)傾向記錄：搜集設備狀態情報，進行劣化傾向管理，把握設備故障情況的運轉實態，結合精密點檢，開展減損部位的劣化傾向管理，以掌握機件磨損、變形、腐蝕的劣化程度，記錄實績並採取相應對策處理。再根據傾向管理的實施情況，進行整理數據及提供傾向管理圖表的劣化數據，供管理備用。

(6)檢查記錄和修理記錄：與檢修人員隨時取得聯繫，記錄設備修理內容、結果、工時、施工單位及更換零部件等。並按內容的要求，整理並掌握其檢查記錄和修理記錄，以便提供完整的技術檔案，積累設備實績數據。

(7)失效記錄：掌握設備狀態，對存在的設備失效因素進行消除並記錄，不能馬上消除時，要編制設備失效報告書，以求得有關部門的重視和解決。

(8)維修費用實績：根據維修預算、備品備件、資材消耗記錄；資材耗用的名稱、品質、數量、價格，掌握維修費用的實

績，積累設備維修的歷史資料。

點檢檢查的實績分析，分點檢組的分析和點檢作業長的分析兩級。

點檢組長應每週召開一次分析會，由點檢區的專職點檢員參加，簡要分析一週實績情況。主要包括：一週故障情況、原因、對策，檢修情況；效率和工時利用的提高對策以及小組自主管理（PM）活動情況；點檢作業長每月一次實績分析會，由各點檢組長和對口技術人員參加，詳細分析一月實績情況。

除上述內容外，還應分析本作業區維修費用的實績，以達到提高點檢效率，減少設備故障次數和時間、降低維修費用的目的。

編制月度點檢實績數據，向地區維修管理作實績報告，構成了點檢管理的 P.D.C.A 循環。即 P（Plan）計畫（點檢計畫、維修計畫、維修使用預算、週期管理表等）→D（do）實施（點檢、傾向檢查、施工配合、協調、故障管理等）→C（check）檢查（記錄、整理、分析、實績報告、對策建議、評價等）→A（Action）反饋（調整業務、修改計畫、標準等）。再回到計畫 P，形成循環，以使點檢整理工作的不斷前進和效率的不斷提高。

點檢實績分析的內容包括：

(1)實施點檢的效果分析。根據日常點檢和定期點檢實績的掌握，驗證點檢實施計畫表、週期管理表和設備劣化傾向性管理表的正確性，預測計畫表的精確度、分析預防維修所佔整體維修計畫的比重，使點檢的效率不斷提高，以致修改點檢標準

和維修技術標準。

(2)故障分析。根據設備狀態、故障資訊的掌握，進行設備詳細分析，分析其造成的原因、現象以及發現的途徑和重覆故障問題點，提出必要的減少故障的對策、改善的措施和實行。達到杜絕重大事故的發生和重覆故障的再演。

(3)定、年修計畫實施分析。根據實施時間和計畫項目掌握，檢查定、年修計畫的精確度，100%完成計畫的項目，做到定、年修項目不變更和逐步延長定修週期的管理目際。

(4)維修費用分析。合理維修費用的預算，檢查預算的正確性，分析使用的合理性，達到既保證設備正常運轉，又要逐步減少維修費用的目的。

第二節　點檢的實施

一、點檢檢查

即按照點檢規範對設備的點檢部位進行檢查。

1.點檢檢查的實施。

專職點檢員在實施點檢前，應首先搜集和聽取生產操作人員及三班運行人員提供的設備資訊，並查閱他們的記錄，可以理解為詢問點檢。

通常，專職點檢員在進行當日的按點檢路線進行的點檢作業之前，可以通過電話聯絡或者查閱有關生產、運行維護的當

班作業日誌、搶修記錄等，瞭解夜間設備運行情況，以修正當日的點檢路線及點檢內容。

對查閱後的生產操作作業日誌或者日常點檢記錄表等，要簽上點檢員的名，對作業日誌上記載的設備異常情況或者提出的問題。要作出書面答覆，決不能發生不予理睬或搪塞性的回答。

點檢作業長在查閱作業日誌等記錄時，更要注意這方面的問題，對生產方提出的問題是否明確及時地答覆、處理、解況，作為考核專職點檢員的一項重要依據。

專職點檢員日常定期點檢檢查的方法必須按點檢路線進行點檢，對點檢計畫表中的點檢內容進行點檢時，一般依靠「五感」，或簡單工器具進行。為了進行比較和判別，要查閱上一次點檢的結果，以及從生產操作方獲得的資訊。

對初次擔任專職點檢員（資歷不長）或者不太熟記每一個應點檢的部位及「點檢點」時，最好能把點檢計畫錶帶到現場，逐行對照點檢，防止遺漏。

專職點檢員，對點檢檢查過程中，發現的設備問題，要瞭解清楚五個方面：

①什麼設備、什麼部位、什麼零部件發生了問題。

②在什麼時候發生的。

③在什麼地方發生的（如：移動機械、橋式起重機及其它設備的故障停位點）。

④什麼原因引起的。

⑤什麼人在現場或是什麼人發現的。

對經常出現故障的部位，必須進行跟蹤點檢，實施對設備進行「人機無聲對話」。

即「人」在故障多發點部位，要開動腦筋，不斷地向自己提出故障可能發生的原因，並進行分析、排除故障的思考，直至找到「機」真正的原因。例如：當齒輪減速機高速檔齒輪發生經常斷裂時，除了按正常的思路進行分析原因，採取提高材料強度等辦法，如果採取措施後仍發生斷裂時，還可以站在設備旁，觀察在運行過程中，生產操作方是否存在違反操作規程的現象，如：帶滿負荷起動、使用反向運轉止動、帶負荷連續頻繁點動啓動、地腳螺栓鬆動、中心線偏移和啓動特性過硬等等原因存在，這些問題只有在深入現場、對設備進行「人機無聲對話」後，最終才能被發現的。

所以一個優秀的專職點檢員，在點檢作業時，他的思路是要處於極其活躍的狀態下，視角要極為廣泛，始終帶著對設備運轉的狀態「有懷疑、不信任」的態度去觀察、去檢查，因而才能及時地發現許多細微的、不經常為人們注意的隱患問題。

重視生產操作人員對日常點檢結果的記錄，那怕是一種輕微的現象（往往是設備劣化的前兆症狀），都不要輕易地放過，即使是生產操作「日常點檢」反映的那個「發生點」，正好不是在今天的點檢路線上，還是一定要過去檢查一次，不能存在僥倖和幻想，放到以後再去檢查。

對近日間計畫檢修過的或夜間正常檢修過、搶修過的部位，必須要作進一步的診斷性檢查。

專職點檢員對點檢檢查過程中，發現的簡單問題應及時記

錄，能夠力所能及處理的，要當場及時處理，並將處理結果及
時記人點檢日誌中。

專職點檢員對發現的設備問題，要根據有關數據、記錄、
實際情況及經驗，進行綜合分析研究。

實施點檢後，專職點檢員應將結果詳細記錄在點檢作業日
誌上；若通過點檢作業，發現點檢標準或點檢計畫有明顯不妥
之處，應及時予以修訂、改正。

專職點檢員在實施點檢的同時，應結合設備劣化傾向管
理、精密點檢與技術診斷進行，用儀器、儀錶進行精密點檢或
傾向管理時，要做好完整的數據記錄工作。根據已制訂的劣化
傾向、精密點檢計畫表及設備運轉狀況的特殊要求，對設備進
行精密點檢和劣化傾向管理，並作好記錄，進行定量分析，掌
握機件的劣化程度，達到預知維修狀態之目的。

專職點檢人員在點檢業務中，應搜集資訊，並根據搜集的
資訊，把握設備狀態，進行分析處理。

2.設備專職點檢人員檢查的技巧、要領。

一個優秀的專職點檢員，對於正在作生產運動的設備（機
器）、容器、管道、爐窯等，能熟練運用各種點檢的技巧，把握
住設備隱患、劣化的傾向和趨勢，探查出隱患和故障發生的原
因，及時採取對策和措施，確保主作業線設備的正常運轉，給
企業帶來巨額的經濟效益，是一件極有意義的事情。

衡量一個專業點檢員的點檢實施檢查水準，可以從點檢技
巧的兩個方面去掌握和衡量。一看是否掌握了精確制訂標準、
計畫、點檢精度表、點檢路線等一系列的計畫類作成的「技巧、

要領」。二看是否掌握了憑藉自己的學識、技術、經驗，在千變萬化、交叉複雜的現場點檢作業中，運用邏輯思維，快速、靈活、切實解決這些問題所具有的「技巧、要領」。

對於第二方面，首先要把握兩種技術。

①前兆症狀的把握技術。

②故障的快速排除技術。

故障點追蹤的技巧：設備隱患、故障「可疑點」的逐一確認。逐一排除。其方法有：

①通常以目視和手摸等「五感」的點檢去查找，一般可發現因機械、電氣等方面，如：緊固件鬆動和部位缺油脂、接插件鬆動，線間短路、線頭虛焊、插件板引線開裂、部位變化和腐蝕等原因引起的故障。

②對可疑部位，暫時採取更換措施。

③運用可疑點之間的因果關係，進行查找。

二、點檢記錄

將檢查結果記錄在案，進行點檢實績記錄管理。

點檢（包括：生產操作的日常點檢和專職點檢人員的各項點檢）業務的實績管理是設備管理業務中，掌握設備運營的實態資訊數據分析和總結、疏通業務、研討改善對策、修正標準、預算計畫並實行管理的 P、D、C、A 循環的重要一環；是管理標準化的反饋部分。

點檢實績記錄管理包括：點檢實績檢查（內容）的記錄和

點檢實績的分析兩部分。

1.點檢實績的記錄。點檢實績記錄的內容包括

• 點檢日誌：記錄生產操作日常點檢和設備系統專職點檢
　員一天的點檢作業、活動、業務管理、協調等的情況。

• 設備缺陷、異常情況的記錄：記錄點檢在實施中檢查出
　來的設備缺陷、異常情況以及處理的結果、必須要列入
　「維修計畫」的內容和必須改善的部位、問題點等。

• 設備故障（事故）的記錄：記載主作業線設備的隱患、
　故障（及其設備事故）的部位、內容、造成原因的分析
　以及採取的對策和吸取的教訓，並向點檢作業長提出故
　障（事故）報告書的內容和建議改善的辦法（方案）等。

• 設備傾向管理、精密點檢的記錄：根據專職點檢人員對
　指定設備實施傾向管理、精密點檢的情況，進行數據整
　理和分析及傾向管理圖表的製作、劣化數據的記載等情
　況的記錄，如表 6—16 所示。

表 6—16　精密點檢計畫表與實績表

設備名		點檢內容	方法、工具、儀器	標準	週期	日期			
裝置名	點檢部位								

- 設備的狀態管理：為掌握設備四保持狀態（設備的四保持：保持設備的外觀整潔、保持設備的結構完整性、保持設備的性能和精度、保持設備的自動化程度），進行有效考核設備。

- 失效記錄：掌握設備狀態，對其失效部分（因素），除及時消除外，對存在的設備失效因素進行記錄；不能馬上消除時，要編制設備失效報告書，以征得有關部門的重視和作為報廢設備來解決。

維修實績記錄內容包括：

- 定（年）修等工程檢修管理實績記錄：定（年）修時間計畫、定（年）修項目計畫完成等計畫精度檢查情況；工程檢修實績：檢修工時利用，檢修作業情況、進度、檢修質量等實績記錄。

- 維修費用實績掌握：根據預算、資材耗用、工時耗用等情況，掌握維修費用（包括：大修理費用的實績）的實績，積累歷年維修費用資料，以供企業設備研討會分析之用。

- 設備維修、修理記錄：在維修作業中，根據生產操作日常點檢人員以及專職點檢人員的要求，由檢修人員提供檢查記錄和修理記錄，因此，及時與檢修系統的人員取得聯繫，並按要求記錄的內容，索取「維修記錄表」，整理並掌握其檢查記錄和修理記錄，以便完整設備技術檔案，積累維修實績數據。

2.點檢實績的分析

定期分析檢查記錄內容，找出設備薄弱環節或難以維護部位，提出改進意見，是點檢實績分析的主要目的。

點檢管理的目的在於提高設備點檢管理的效率，通過點檢實績的分析來修正、改善點檢的目標。設備系統管理的實績分析，大體上可分爲四個層次、等級來進行：

- 現場作業管理的細胞——專職點檢組的每週實績分析會。
- 作業區基層核心管理者——點檢作業長的每月實績分析會。
- 地區、分廠部門管理責任者——機動科長日實績分析會。
- 企業作業部門管理歸口——設備系統每月實績分析會。

（註：對中、小型企業，可以考慮減少層次，只要兩個層次：即基層一級和企業一級就可以了。）

①專職點檢組的每週分析。點檢組長應每週召開一次分析會，一般安排在作業區安全例會後，由專職點檢組長主持，專職點檢員全部參加，大約用 1.5h 的時間，簡要分析一下這一週的點檢重要情況，主要包括：

a.設備故障（事故）情況：原因分析及對策、教訓。

b.點檢（檢查）情況：管轄區設備狀態與走向分析、失效及對策。

c.檢修（日、定、年、爐等修理工程）情況：檢修項目、工時、效率、安全等情況分析。

d.點檢小組自主管理（PM）活動情況：項目數、OPL 的數

量、改善的成果分析等。

②點檢作業區的每月點檢實績分析。由作業區的點檢作業長主持，點檢組長和對口的設備技術人員參加。詳細分析這一個月的點檢作業管理實績情況，主要包括：內容除上述各項外，還應分析本作業區維修費用的使用實績情況，主要分析維修費用花費的項目；備件、資材使用的合理性；維修費用升高和降低的原因，為什麼有不合理的開支及其避免重覆發生的方法等，以達到提高點檢管理效率、減少故障次數和時間、降低維修費用的目的。

經點檢實績會的分析後，編制成作業區月度實績資料，向地區（或分廠）維修部門作實績報告，構成了點檢管理的 P、D、C、A 閉路循環，也是作業區自身的 P、D、C、A 循環機能。即從點檢計畫、維修計畫、工程預算、費用預算到點檢實施、傾向檢查、施工配合、協調聯絡、故障管理，再對其效果的檢查、分析、考核、評價等。然後回到調整業務的計畫、修改設定標準、再訂出更高精度的計畫 P，形成了良性循環的閉路環，使點檢管理工作不斷前進和效率的不斷提高，才能達到天天有實績，月月有分析，季季有改善，年年有創新和提高的結果。

③地區、分廠點檢、維修的實績分析。地區、分廠設備管理的實績分析，由地區設備主管主持，各分廠作業區的點檢作業長參加，特殊情況也可要求個別專職點檢組長參加。主要內容就是綜合各點檢作業區的實績數據，分析、借鑒個別的教訓和對策，平衡下個月度的維修工程主要項目，降低維修費用和主作業線設備故障停機的措施，以及較大的改善維修項目研討

等。在分析會後，整理的實績報告數據報企業設備管理部門。

④企業設備管理部門（維修管理部門）的實績分析。在地區、分廠點檢、維修實績分析的基礎上，由企業設備管理部門召開地區、分廠設備管理會議，每月一次，安排在月末，綜合分析企業設備管理實績，主要內容包括設備故障、主作業線設備停機、定修的效果、工程項目及維修費用等方面的實績分析，並形成企業的實績報告會數據，構成部門管理的 P、D、C、A 循環。

在分析會上，同時審定（季）月度定、年修計畫，有關部門，如生產部門、物資供應部門均要派員參加。

點檢實績分析的內容包括：

a.點檢效果的分析。根據生產作業系統日常點檢和設備系統定期點檢實績的掌握，驗證點檢實施計畫表，定期（週期）管理表和設備劣化傾向管理表的正確性，預知點檢計畫表的精確度，分析預防維修所佔整體維修計畫的比重，使點檢的效率不斷提高。同時對不符合的部分，進行修改點檢標準和維修技術標準。

b.設備故障的分析。根據設備狀態、隱患、故障資訊的掌握，進行仔細研究，分析其現象及造成的原因以及發現的途徑和可能重覆故障問題點，針對性的提出必要的降低故障的對策，改善的措施和實行，達到杜絕重大事故的發生和重覆故障重演的目的。

c.定（年）修計畫實施的分析。根據實施的時間和計畫項目掌握，檢查定（年）修計畫的精確度，100%完成計畫項目，

做到定（年）修項目不變更的管理目標。

　　d.維修費用分析。合理維修費用的預算，檢查預算的正確性，分析使用的合理性，達到既保證設備正常運轉，又要逐步減少維修費用的目的。

　　把握點檢實績是最重要的，因為他是實施分析的前提，也會給設備管理部門提供有用的資訊，沒有真實性的實績，會給管理者蒙上一層模糊的假像，因而會失去機會，甚至是決策錯誤。但是有了實績，如何來進行分析，分析方法也是至關重要的。

　　根據現代管理七種分析方法，適當的選擇進行分析。當然，也可以應用其他新七種分析方法。

- 排列圖法。排列圖法是尋找主要問題的方法。尋找主要矛盾，找出主要問題，排列圖法較為有用。如用排列圖找出故障的主要原因，以便採取對策。同樣，也可以作出故障停機時間排列圖或故障修理排列圖，找出故障停機時間主要問題和處理對策的主要問題。

- 傾向推移法。傾向推移法又稱傾向管理法，根據推移曲線進行前後分析對比，也可以在推移圖上找出存在問題點和經驗點，以採取相應對策，落實提高工作效率的步驟和方法。以定期時間為基礎，相應記載變化值，連成曲線表示在同等生產期中設備效率的升高和故障的下降。

- 直方圖法。將預先設定的計畫目標計畫數值，按比例記入到圖表裏，構成直立的方塊圖；同時在相應處，記入

相同比例的實績值,這樣,計畫值與目標值相對比,可以看出計畫與實績的差距,證實計畫精度的高低,同時也與歷史實績進行對比,看其計劃性如何,基本可以說明工作效率如何,效率在提高還是下降,找出存在的問題點,進行分析評價。

• 焦點法。焦點法是找出問題點、便於分析的好方法,簡單明瞭、問題突出、分析效果顯著。一般也可以用於設備故障分析之中。

根據上述分析,即可找出設備薄弱環節或難以維護部位,提出改進意見。

三、點檢處理

檢查中間出現的異常及時處理,恢復設備正常狀態,並將處理結果記錄。不能處理的要向上報告,傳達給負責部門處理。

專職點檢員在點檢檢查過程中發現的簡單問題,應及時記錄,能夠力所能及處理的要當場及時處理,如:鬆動零、部件的緊固,簡單定位的調整,有礙於保持設備性能的雜物,予以清除以及漏油處理等,並將處理結果認真、仔細地記入到點檢日誌中。

專職點檢員必須記住的原則是:有隱患、有故障的設備,不過夜。

即使有備用機組的,也當做他沒有備用設備來看待;必須保持設備的原來面貌,即使是在「應急時」,也不要拆東牆、補

工廠設備維護手冊

西牆；臨時的窮對付，更不能降低設備使用水準（如：把自動的改爲手動，又將手動的變爲不動）。

若專職點檢發現的設備問題，不需要馬上處理的，應將其列入計畫檢修項目，填寫在「計畫檢修項目預定表」中。

「計畫檢修項目預定表」是檢修項目的匯總，「計畫檢修項目預定表」的具體內容來源於定期（週期）管理項目、劣化傾向管理項目，生產、設備、安全部門提出的改善委託項目以及上一次檢修時，由於各種原因造成的沒有實施維修的遺留項目。如表6—17所示，其中一部分不影響生產正常運行的：可以及時處理，列入日修計畫，實施「綠色批記錄批次處理」的檢修；平時不能處理的：則實施「紅、黃單工程」，如表6—18所示，列入定修計畫；緊急的項目，則用搶修解決。

157

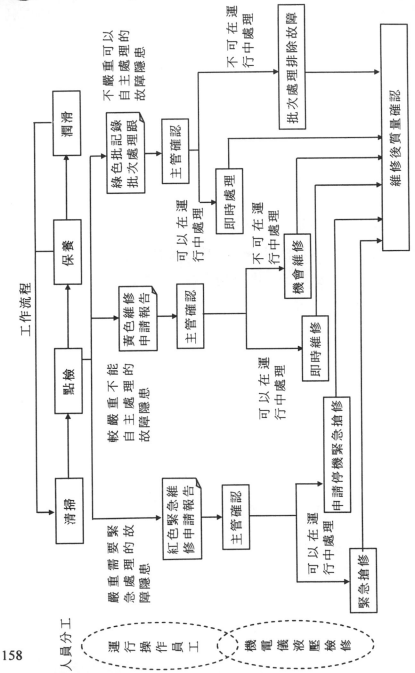

表 6—18（1）　紅卡工作程序

設備故障緊急維修申請-確認-實施-評價-體化管理紅卡工作程式　編號___

涉及的單位	生產系統		設備系統				備　　　註
涉及者名稱 工作步驟 業務內容	生產主管	操作人員	維修主管	維修人員			
1.設備突發事故 　緊急維修申請		◇					記錄時間：何時停機
2.故障部位 　故障現象描述		◇					
3.故障原因初步分析		◇					記錄時間：何時申請
4.生產主管確認	△	○					記錄時間：何時確認 （要求：10min 內完成）
5.維修專案受理 　故障原因分析	△		○				生產是否需要停機？ 需要停機的 ----▶
6.維修人員受理故障 　排除和修理方法				◇			記錄時間：何時開始修理 （接單後，馬上修理）
7.維修人員修理記錄				◇			記錄時間：何時結束修理
8.維修主管確認			△				記錄時間：何時確認
9.生產主管確認	△						記錄時間：何時確認

圖 例	含義	責任人	參與人	受理人	批准人			
	符號	◇	◎	○	△			

表 6—18（2） 黃卡工作程序

設備故障緊急維修申請-確認-實施-評價-體化管理 黃卡工作程序 編號＿

涉及的單位	生產系統		設備系統				備　　註
涉及者名稱 工作步驟　業務內容	生產主管	操作人員	維修主管	維修人員			
1.發現設備故障　提出維修申請		◇					記錄時間：何時停機 （發現問題，及時提出）
2.故障部位　故障現象描述		◇					
3.故障原因初步分析		◇					記錄時間：何時申請
4.生產主管確認	△	○					記錄時間：何時確認 （要求：30min 內完成）
5.維修項目受理　故障原因分析	△		○				生產是否需要停機？ 需要停機的 ----▶ （等待，機會維修）
6.維修人員受理故障　排除和修理方法				◇			記錄時間：何時開始修理（接單後 15min 到現場）
7.維修人員修理記錄				◇			記錄時間：何時結束修理
8.維修主管確認　維修質量確認			△				記錄時間：何時確認 （10min 內確認）
9.生產主管確認	△						記錄時間：何時確認

圖例	含義	責任人	參與人	受理人	批准人			
	符號	◇	◎	○	△			

　　除此以外，專職點檢人員在點檢業務中，還應搜集設備資訊，並根據搜集到的設備資訊，把握設備的狀態和動向，分別

進行分析、處理。

四、點檢改進

組織實施對設備薄弱環節的改進工作。

1.點檢管理業務的改進。

要致力於點檢管理業務的改進工作。因爲點檢管理的穩定是相對的，而點檢管理的改進則是絕對的，要努力改進每一項點檢管理業務。

例如，點檢在認真組織實施和積累點檢經驗的基礎上，根據點檢檢查的實踐經驗，改進點檢檢查方法以及定期和重點點檢的部位；改進點檢工作路線，以有效利用點檢的時間；根據點檢實績和分析，改進對設備故障、異常的預知性，避免設備重覆故障的發生；按照點檢對設備傾向管理、解體精密點檢實績的分析，組織實施對設備薄弱環節的改進工作；定期性地改進維修標準，能夠使點檢實施的技能和點檢實踐的經驗，對維修標準進行合理的運用，提高對維修費用使用的合理性和經濟性。

2.點檢改進的根本是設備故障的防範

由於設備故障的嚴重後果，造成了生產巨大的損失，同時使企業也付出了沉重的代價，其損失之巨大也是驚人的，而且越是現代化的企業其損失就越是巨大。造成設備故障的原因是錯綜複雜的、多變的，而對企業的生產、產品、效益方面造成的沉重負擔，則是一成不變的。

在發生設備故障的原因中，有時是某種特殊原因直接造成的，但更多的是由多方面原因互相作用的結果而造成的設備故障。因此，要使設備故障變爲零的行動，原則上是要把潛在的缺陷、隱患暴露出來、查找出來，以採取必要防範措施，並認真組織實施對設備薄弱環節的改進工作。由此可見點檢及點檢改進的重要性。

企業生產中，造成設備故障的複合因素，如設備運行條件的不完善、不遵守使用規則、操作技能不熟練、無視設備劣化狀況以及設備先天不足等。所以，消除設備故障因素，防範設備故障的發生是「點檢改進」的根本點所在。

3.開展點檢改進活動

首先是生產操作日常點檢的改進，要使生產操作員工，理解生產設備故障的危害性和造成損失的嚴重性，激發其日常點檢的責任感。生產操作人員，要根據自己操作的設備和日常點檢工作經驗，預知所操作設備機構、部位的薄弱環節，那些「點」最容易出現故障，做到心中有數，在日常點檢時，更要特別的關注它，同時要作好一旦發生故障後相應的對策，制訂出具體措施，並要指出改進這些易發故障「點」的建議。這些都應該列入自己的運行記錄或日常點檢記錄中去，並及時地向生產方的作業長和專職點檢員報告，提請專職點檢人員注意。

其次是專職點檢方的點檢改進——開展故障預知活動。通過專職點檢作業的實施及關鍵部位的重點點檢、精密點檢和劣化傾向、故障隱患管理，掌握易發故障部位和因果焦點，從而預排故障對策，制訂措施方案和實施改進的點檢計畫及工程進

度的預安排，以減少故障發生，同時要使發生故障後的應急對策得以具體化，以致改進各種條件，力爭避免重覆故障的發生。「點檢改進」體現在可以通過使用各種設備故障點的診斷儀器，開展定期或不定期的精密點檢和點檢診斷或根據線上監測，提出預知維修項目，預防故障的發生。

再就是開展自主管理活動，推進設備技術革新和點檢技術改進活動。生產操作人員、設備點檢人員或維修技術人員，都可以自發地組織組成「自主管理活動小組」，進行點檢改進和設備技術革新和點檢技術改進的自主管理活動，把自己週圍的問題解決在自己手中，使群眾的積極性自覺地發揮出來，當家作主，在基層形成點檢改進和預防故障發生的網路。根據設備故障的分析，或是爲了改進設備的運行條件，改進運行環境、設備結構等需要，開展以點檢員爲中心的設備改善活動或設備點檢的小改小革，都是點檢改進、組織實施對設備薄弱環節改進工作的有效措施。應該把每一次出現的設備故障特別是重點故障當作改進活動的契機，使設備薄弱環節的改進工作，越來越落實。

4.針對設備薄弱環節的改進──改善維修

設備薄弱環節的改進工作，除了「點檢改進」以外，改善維修的方法也是其中很重要的一個方面。

改善維修也稱改良維修，它是實施設備薄弱環節的改進、實行預防維修體制的主要內容之一。爲使設備在維修階段保持其可靠性、維修性和經濟性，不但對設備的本體質量進行改良、開發改進，同時對保證性文件、管理標準、方法、手段等也要

進行改進。

　　單單靠「預防」是一個方面，而不能預防加速的絕對劣化和加劇的老式化劣化，只有在預防維修的同時開展改善維修，才能達到生產維修的目的，因此，其意義在於：

- 能保持設備性能穩定，精度不下降或延緩劣化。
- 減少因機件劣化而造成的損失。
- 及時消除設備失效因素。
- 盡可能地挖掘人、物、設備的潛力。

5.點檢改進、設備薄弱環節改進工作的課題和方向

- 研討來自點檢、生產、檢修方面的故障報告、要點，並制訂改進的對策方案，參與實施。
- 參與解決設備故障項目研討，推進改進故障的計畫，制訂設備薄弱環節改進方案及設計。
- 改進設備維修標準，完善修改通用維修技術標準，包括：油脂使用標準、電氣維護標準、試驗標準、以及法定檢查標準等。
- 設備圖紙的完整和修改，設備故障資訊的收集、分析、研討。
- 隨時掌握設備狀態情況，參加設備故障、事故的處理。
- 參與設備更新、報廢的預測和研討，並參加設備定期檢查。

6.點檢改進、設備薄弱環節改進的要點和部位

- 設備上不能點檢或實施點檢有困難的部位、內容。
- 設備上極易損壞或壽命明顯短暫的機件。

- 易發生故障或易發生重覆故障的部位。
- 修復困難或不能修理的設備。
- 設備設計欠考慮，設備生命週期中先天不足，以至不能達標的設備。
- 部分零部件、配件的不良而影響整機的設備。
- 有助於改進生產、安全、環境保護的設備和措施。

7.點檢實施的規範化作業——專職點檢一天的工作

專職點檢人員實施點檢作業的規範化、標準化，其一天「正常的實施點檢作業」的內容如圖 6—1 所示。

專職點檢員，一天正常的工作時間表，作如下規範（專職點檢員是不倒班的，屬於常白班，一般而言，8：30—17：00 為工作時間）。

①上班前：點檢作業長會提前半個小時到現場（作業區的專職點檢員，也會在上班前到達辦公室），更換了作業服後，立即會去做幾件事：

- 掌握資訊：瞭解生產和設備的情況，查看上一班的「設備運行日誌」、昨晚的夜班設備運轉狀態資訊「搶修班日誌」、「故障記錄表」以及生產的「運行日誌」，點檢作業長在查閱生產、運行作業日誌後，必須簽名。
- 作業長聯絡日誌：瞭解生產操作的日常點檢及其它點檢工種的動態和檢修的記錄等。
- 今天的生產作業計畫、設備開動計畫，其他的運行情況，如：停電、待料、參觀、活動等。

圖 6—1　專職點檢一天的規範化作業

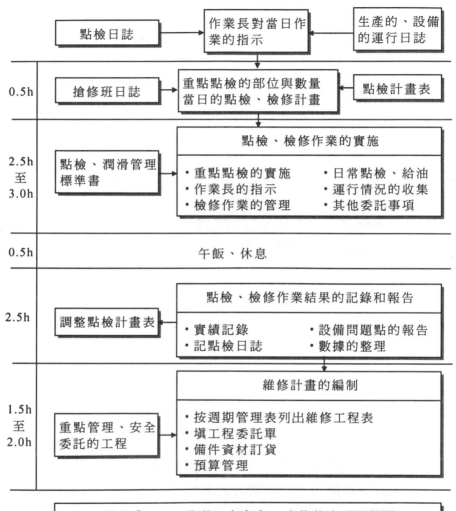

②早會：0.5h（半個小時），主要內容為：

・由點檢作業長或組長傳達上級指令及作業區設備情況，

佈置好當天工作重點，做到資訊及時上通下達。

- 召開安全例會，佈置當日點檢作業的「危險預知」以及注意事項。

- 今日點檢工作安排：根據點檢計畫表，提出當日重點點檢部位以及當日檢修工作的分工等。

③點檢的實施：2.5—3.0h（兩個半小時至三個小時），主要內容如下：

設備系統的所有專職點檢員，每天上午 9：00—11：30 分，必須按點檢計畫的檢查內容，攜帶規定的點檢工器具進行現場點檢（搶修、處理故障等除外），每個專職點檢員每天必須保證 2.5h 的點檢工作負荷，並對下午點檢管理工作時間進行合理安排。

專職點檢員進行定期點檢時，必須攜帶的點檢工器具標準，詳見相關內容。

專職點檢員實施點檢時，必須做到「二穿二戴」（穿工作服和工作鞋、戴安全帽和防護鏡），精神飽滿，做到行為舉止規範化，樹立專職點檢員的良好形象。

按點檢線路圖進行點檢作業，具體內容分為以下幾種：

- 按照「點檢檢查計畫表」的點檢項目內容，進行點檢。

- 根據「定期（週期）管理表」的項目，安排在日、定（年）修中檢查。

- 根據「傾向、精密點檢管理表」的項目，安排在設備運行或停機時檢查。

- 對經常出現故障的部位，進行跟蹤檢查。

- 對生產操作、運行方日常點檢發現問題的部位，進行診斷檢查。
- 對前一天或昨天晚上檢修、搶修過的部位，作重點檢查。
- 對點檢實施過程中，發現的設備出現的小問題，力所能及地進行及時的處理。

按上述規定：每個專職點檢員，每天必須至少實施 2.5h 的點檢工作，9：00—11：30。

一般正常的情況下，午飯前還有 0.5h 作為收集設備狀態和設備資訊的交流之用。有時點檢過程不順，則可以利用這 0.5h 作為緩衝，有比較充裕的時間，來實施每天上午的點檢工作。

如遇到上午有檢修項目，則進行檢修工程的管理，要提前對「點檢計畫」適當地進行調整。

④午飯、休息：0.5h（半個小時）。正常情況會到企業指定的食堂去用餐，特殊情況也可將盒飯配送到現場，以節省時間。

⑤點檢「實施管理」的時間：2.5h（兩個半小時）。點檢員對在上午實施點檢中，發現比較嚴重的設備問題，會同點檢組長、點檢作業長及有關設備技術人員進行研究，迅速制訂合理的處理隱患的方案。同時進行「點檢台賬」的管理，包括：

- 點檢使用賬、表的管理。
- 檢修計畫的編制。
- 維修備件、資材的管理。
- 設備改進、改善方案的研討。
- 檢查、確認當日施工委託項目的完成情況。
- 對第二天要施工、委託項目的現場說明及調整。

• 填寫點檢作業日誌。

• 有必要向上級報告的事項。

⑥維修計畫的編制及工程委託：1.5—2.0h（一個半小時至兩個小時）

• 編制中、長期維修計畫、日修、定修（年修）計畫。

• 近期檢修項目用的維修資材計畫，核對更換件、查對庫存、準備維修材料的領料單。

• 維修費用計畫的平衡及調整。

• 定期（週期）管理表、日常點檢計畫的修訂，維修技術標準的核對、覆查。

• 設備的傾向管理、解體精密點檢的檢查結果，數據分析、整理記錄、填寫歸檔。

• 填寫工程問題單。

• 工程項目的維修資材的訂貨、到貨檢驗等。

• 電腦檔案整理工作。

⑦其他事項，必要的會議、自主管理活動。

下班前後 10 分鐘，整理辦公室，做「6S」工作，更換工作服。

如當天沒有什麼檢修項目、也沒有特殊安排的，則可以下班，否則，將繼續留任，直到任務完成。

下面介紹某原料準備作業區，儀錶專職點檢員一天的工作時間安排及作業內容實況。

設備系統，儀錶作業區，上班時間：7：30—16：30，中午、午餐及休息共 1h。

7：40—7：50：電話問訊生產方負責設備的日常點檢人員，昨夜設備運轉有否故障及今天生產操作設備的情況。根據所瞭解的情況，判斷是操作不當還是設備故障，爲當天日修提供檢修準備。

7：50—8：00：廣播體操。

8：00—8：05：「儀錶點檢、檢修」全體碰頭會。內容：預定工作事項；相互工作聯繫。

8：05—8：15：組長與組員碰頭會。內容：安全、點檢，修理等問題分工預定；相互在身體、生活或其他方面情況聯繫。

8：15—8：40：檢修工程碰頭會。由生產方原料主任主持，參加人有操作人員、工程擔當者、中央檢修或協力單位，地區儀錶點檢、檢修三人全部參加。

會議內容：檢修工程內容，施工時間，施工者；領發各種施工所需許可證；確認工程聯絡員及試運轉時間。

8：40—12：00：半日點檢，這是每天工作主要目標。

點檢內容：重點點檢和精密點檢以及早上電話中所瞭解設備情況進行點檢。

點檢範圍：將原地區儀錶設備分成五個塊，週一至週五，每天點檢一個塊。

五個塊劃分情況：

a.燒結場中與原料有關的儀錶塊。

b.燒結機系統儀錶塊。

c.原料場皮帶秤（二分之一）。

d.原料場皮帶秤（二分之一）。

c.原料場水道等其他儀錶塊。

13：00—13：30：安排第 2 天檢修工程碰頭會，由原、燒機修主任主持。

13：30—16：20：辦公室工作。內容：對外協單位檢修工時的計算、儀錶檢修用的備品、計畫準備，匯總各種有關技術數據、電子文文件以及自主管理活動。試運轉成立會：當天如有工程試運轉活動，要參加檢查，確認工程質量。

16：20—16：30：書寫工作日誌。內容：點檢情況，故障記錄，參加會議。

專職點檢人員是一點兩線五下六上的工作。

一點：一個專心致志地實施「點檢」。

兩線：上午，生產現場實施點檢；下午，行使作業管理職能。

五下：點檢作業、深入調研、實地考察、重點觀察、檢修實施，要下到生產現場。

六上：點檢計畫、故障項目、原因分析、研究對策、方案設計、實績整理，要上到管理現場。

點檢診斷階段：要求掌握生產計畫、生產進度、夜班及搶修記錄、產品的及對設備的質量要求、生產的及設備的操作程序、操作對設備的改良要求、設備點檢法、設備診斷技術、點檢記錄整理等。

故障分析階段：要求掌握劣化判定法、故障發生的類型、磨損機理與規律，機、電、化學、熱破壞的故障現象等。

維修計畫階段：要求掌握長期修理（年度）計畫、日常點

檢、定期點檢、週期點檢計畫、日修、定修、年修計畫、維修費用預算計畫、維修人員計畫、維修資材供應計畫、突發事故時的各種應急計畫等。

維修實施階段：要求掌握安全管理、維修資材供應、維修效率管理、進度調整、工程檢查、驗收、遺留問題的處理等。

實績記錄階段：要求掌握維修費用的結賬、維修資材的結算、維修工程的結論、維修圖紙的修改、設備檔案管理等。

專業點檢業務推進，由計畫、標準編制、工程管理、點檢實施、備件管理及綜合管理幾部分構成，每項業務又展開若干具體項目。

隱患管理即是對設備的某些不能馬上處理缺陷的管理，如5 個螺母，發現脫落了 2 個，不會造成即刻停機，因為設備運行暫時沒有機會處理，但要進行管理，防止釀成故障；而傾向管理則是對設備劣化趨勢的管理，如間隙的不斷加大，溫度的逐漸升高，精度的點點喪失等。無論是隱患還是傾向，都納入點檢管理之中。

第七章

設備故障模式的分析

第一節　設備故障模式的推理

現代工業生產方式已經發生了巨大變化，生產規模和設備日趨大型化、連續性化、高效率，生產裝置之間系統性強，生產條件精細度高。因此設備故障停機可能給生產造成巨大的損失，甚至造成嚴重的生產和設備事故。設備管理人員必須研究設備故障現象、原因、發展趨勢以及處理辦法。

故障的現象和故障的原因十分複雜，故障的類型之間的界限也難以區分。一般來說可按以下方式分類。

一、按故障的發生狀態分類

1.突發性故障——由於各種原因或外界影響，外部的作用超過設備所能承擔的負荷，在短時間內發生的設備故障。使設備突然失效的原因有停電、超溫、超壓、潤滑中斷、操作失當及超負荷。

2.漸進性故障——設備技術狀態參數逐漸劣化。可通過檢查或監測預測到逐漸趨於惡化的故障。其失效的原因有腐蝕、磨損、疲勞或蠕變等，設備的零部件劣化是漸進的，即零件或材料由萌生缺陷，經過擴展過程，直至變形、喪失精度、喪失功能、開裂、脫落。

二、按故障的原因分類

1.固有的薄弱性故障——在設備前期階段，由於設計不當、製造不良或安裝不佳，使設備存在固有的缺陷，當設備運行時，由於原有的缺陷導致發生的故障。

2.錯用性故障——由於操作不當或維護不良造成的故障。如潤滑不良、預熱溫度不夠、未經預先盤車而啟動機器等違反技術規程引起的故障。

3.磨損性故障——機械、物理、化學等原因造成的故障。如腐蝕、磨損及應力腐蝕等。

三、按故障結果分類

1.局部性故障——設備零部件失效致使局部功能喪失，經過更換零件或一般修復即可恢復的故障。

2.完全性故障——設備主要構件失效致使設備功能完全喪失，只有通過大修或更換主要部件才能恢復其功能的故障。

3.破壞性故障——完全性故障發生時造成人身傷害，設備本身破壞，或同時造成其他設備損壞的故障。

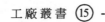

第二節　故障診斷邏輯方法

　　優秀的故障診斷還離不開診斷者的分析問題能力和邏輯推理能力。診斷人還應該學會如何積累、總結經驗，通過以往的經驗來分析判斷設故障。

1.主次圖分析

　　所謂的主次圖分析又稱爲帕雷托分析，是一種利用經驗進行判斷分析問題的方法。我們將平時的設備故障頻次或者停機時間記錄下來，統計繪出設備的故障主次圖（PARETO 圖）。繪製主次圖的方式是，首先按照故障頻次大小（停機小時多少）從左到右排序。然後分別將故障頻次的百分比（或者停機小時）累加起來描點，再把這些點用曲線連接起來就形成了全圖，如圖 7－1 所示爲一台加工機床的故障主次圖。

圖 7—1 加工機床的故障主次圖

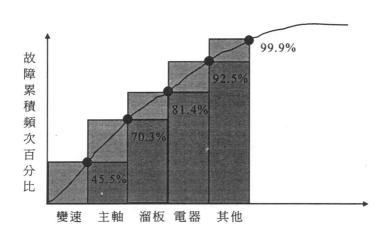

從圖中可以看出，變速故障的頻次為 45.5，而變速與主軸故障頻次之和為 70.3，變速加主軸加溜板故障頻次之和為 81.4…。人們自然會問：這樣的圖有什麼意義呢？按照義大利科學家帕雷托的 80/20 分佈理論，設備 20%的故障模式決定著 80%的停機時間。就像人生病一樣，雖然人可以得百病，但每一個人都有主要的身體弱點，20%的疾病決定了 80%的病假時間。這就告訴我們的診斷工作者，永遠要抓住最有傾向性的前 20%故障模式，因為它們決定了設備的主要故障停機。設備一旦出現故障，首先要想到故障頻次最高的一、兩種故障模式，然後再尋找次要的模式，這是比較有效的診斷方法。

2.魚骨分析

魚骨分析又稱為魚刺圖，就是把故障原因按照發生的因果層次關係用線條連接起來，構成故障的主要原因稱為脊骨，構

成這個主要原因的稱爲大骨，依次還有中骨、小骨、細骨，圖
7—2 給出了一個典型的魚骨圖。

圖 7—2　故障魚骨圖

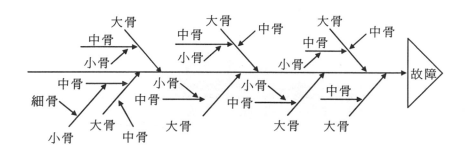

　　設備診斷與維修工作者將平時維修診斷的經驗以魚骨的形
式記錄下來，過一段時間需要對魚骨圖進行整理，凡是經常出
現的故障原因（大骨）就移到魚頭位置，較少發生的原因就向
魚尾靠近。今後，設備出現故障，首先按照魚骨圖從魚頭處逐
漸向魚尾處檢查驗證，檢查出大骨，再依次尋找中骨、小骨、
細骨，直到找到故障的根源，可以排除爲止。

　　圖 7—3 是用魚骨圖分析設備綜合效率低下問題的例子。

圖 7—3　利用魚骨分析方法分析影響 OEE 的設備損失圖

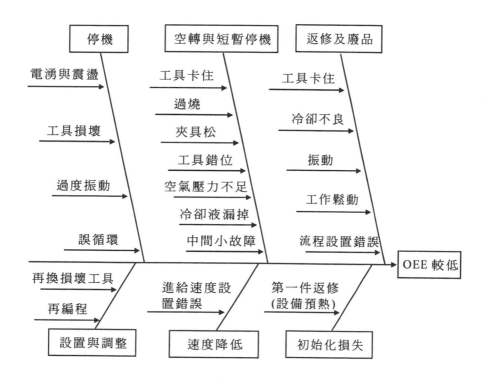

3.故障樹分析

　　故障樹分析類似於魚骨分析，也是層層展開的因果分析框架。不希望出現的事件，即設備故障稱爲頂事件，用矩形框框起來，中間出現的事件稱爲中間事件，也用矩形框框起來，最後不再展開討論的事件稱爲底事件，用圓圈圈起來。這樣按照因果關係連接起來的樹型結構圖稱爲故障樹。故障樹與魚骨圖的重要區別是事件之間要區分其邏輯關係，最常用的是「與」

和「或」關係。「與」用半圓標記表示,即下層事件同時發生才導致上層事件發生;「或」用月牙型標記表示,即下層事件之一發生就會導致上層事件發生。

4.契合法

在被研究現象出現的若干場合中,如果某一個或一組事件次次出現,那麼這個屢次出現的情況或者事件就是被研究對象的原因(或結果)。有如下公式:

場合	先續(或後續)事件	被研究對象
(1)	A、B、C	a
(2)	A、D、E	a
(3)	A、F、G	a

結論:A 事件是 a 現象的原因(或結果)。

例:某石化廠 MARK-V 型催化劑加料器頻頻出現強制加料和安全銷斷裂的故障,經六次解體檢查,均發現是均勻耐磨盤及浮動蓋板的聚胺脂耐磨層與金屬基體鼓泡分離,並與計量孔卡澀,導致安全銷超載而剪斷,並進一步導致耐磨盤與計量盤之間貼合不緊,催化劑微粒通過間隙強制加入反應器中引起質量問題。因此可以得出結論:耐磨盤及浮動蓋板結構與材質缺陷導致故障發生。其公式爲:

(1)安全銷斷裂+強制加料(A)…均勻耐磨盤及浮動蓋板的聚胺脂耐磨層與金屬基體鼓泡分離(a)

(2)安全銷斷裂+強制加料(A)…均勻耐磨盤及浮動蓋板的聚胺脂耐磨層與金屬基體鼓泡分離(a)

(3)安全銷斷裂+強制加料(A)…均勻耐磨盤及浮動蓋

板的聚胺脂耐磨層與金屬基體鼓泡分離（a）

…………

結論：均勻耐磨盤及浮動蓋板的聚胺脂耐磨層與金屬基體鼓泡分離導致安全銷斷和強制加料

為了進一步解決這個問題，這個廠對設備的這部分進行了改造，更換了耐磨材質——一種自潤滑性較好的複合材料作為耐磨層；同時採用整體耐磨材料代替原來分體式結構，避免因為兩種材料熱膨脹係數不同而引起分離狀況。改造後的效果良好。避免了上述故障發生的同時節約了大量資金。

5.差異法

在被研究現象出現與不出現的場合，如果某一個或一組事件同時出現或者不出現，那麼這個與眾不同的情況或者事件就是被研究對象的原因（或結果）。公式：

場合	先續（或後續）事件被研究	對象
（1）	A、B、C	a
（2）	-、B、C	-

結論：A 事件是 a 現象的原因（或結果）。

例：三缸柴油機運行時排氣冒黑煙，用斷缸法分別只鬆開某汽缸高壓油管，發現僅在 A 缸油管鬆開時黑煙消除。

（1）A 缸不鬆	B 缸不鬆	C 缸不鬆	冒黑煙
（2）A 缸不鬆	B 缸鬆	C 缸不鬆	冒黑煙
（3）A 缸不鬆	B 缸不鬆	C 缸鬆	冒黑煙
（4）A 缸鬆	B 缸不鬆	C 缸不鬆	無黑煙

結論：A 缸故障導致冒黑煙（a）發生

利用差異法進行故障診斷常用的方法還有：輪流切換法、換件法等等。所謂的輪流切換法就是當出現某故障模式——表徵之後，輪流切換或斷開某一元器件，看該表徵是否會消失。一旦消失，說明某一斷開或者被換掉的元器件與故障表徵相關，可能是故障源。

在進行換件法診斷時，注意每次只能更換其中一件，原來更換過而未出現異常的元器件應該復原，然後再更換另外的元器件。這樣才能準確定位故障部位。

6.契合差異並用法

有兩組事件，一組是由被研究對象出現的若干場合組成的正事件組；另一組是被研究對象不出現的若干場合組成的負事件組，如果某事件在正事件組均出現，在負事件組均不出現，則此事件為被研究對象的原因（或結果）。公式：

場合	先續（或後續）事件被研究	對象
（1）	A、B、C、D	a
（2）	A、D、E、G	a
（3）	A、F、G、C	a
……		
（1）	-、B、C、D	-
（2）	-、D、E、G	-
（3）	-、F、C、C	-

結論：A 事件是 a 現象的原因（或結果）。

顧名思義，契合差異並用法是將契合法和差異法結合起來的推理方法。

7.共變法

在被研究對象發生變化的各個場合，若其中只有一個事件或一組事件是變化著的，而其他事件都保持不變，那麼這一變化著的事件便是被研究對象的原因（或結果）。公式：

場合	先續（或後續）事件被研究	對象
（1）	A1、B、C、D	al
（2）	A2、B、C、D	a2
（3）	A3、B、C、D	a3

結論：A 事件是 a 現象的原因（或結果）。

例：柴油機敲缸故障檢測，發現當間隙、轉速、水溫不變時，隨著噴油提前角的變化，敲程度變化。公式：

場合	先續（或後續）事件被研究				對象
	噴油提前角	缸筒間隙	轉速	水溫	敲缸程度
（1）	20°	0.2	1500	85°	小
（2）	25°	0.2	1500	85°	中
（3）	30°	0.2	1500	85°	大

結論：噴油提前角不當引起敲缸。

8.剩餘法

對於多研究對象的情況，若已知一部分對像是某些事件的結果（或原因），則剩餘對象就是剩餘事件的結果（或原因）。公式：

a、b、c、d 是被研究對象，A、B、C、D 是作用事件。

對象 a 是事件 A 作用的結果

對象 b 是事件 B 作用的結果

對象 c 是事件 C 作用的結果

結論：對象 d 是事件 D 作用的結果

例：已知冒黑煙、敲缸與振動是油管噴射提前角、燃油質量及汽缸間隙問題所致。已查明噴射提前角不正確就引起敲缸，燃油質量不好就冒黑煙。那麼，振動肯定是汽缸間隙問題所致。

9.PM 分析

PM 分析是透過現象，分析事務物理本質的方法。所謂的 P，是 phenomena、physical、problem、preventive 的四個英文單詞的字頭，是說任何故障都表現出某種「現象」，這些現象是「物理的」，它導致「問題」的出現，而這些問題是「可預防的」。在現象背後存在著五個 M，即「mechanism、material、machine、manpower、method」這五個英文單詞的字頭，就是說現象背後的原因可以歸納為「機理」、「材料」、「設備」、「人力」、「方法」等要素，這五個要素，也有用「人、機、料、法、環」來描述的。凡是有故障（問題）出現，連續問 5 個為什麼，如果認真回答並正確的回答每一層次的問題，總會找出滿意的答案。不少企業把這一方法稱為五個 WHY 的程序。凡是問題出現，一定要填寫一張回答問題的表單，連續提出並且回答五個相關的問題，對出現的現象給以合理的解釋，就可以基本解決這個問題，或者至少可以接近問題的答案。這是一種最典型的唯物主

義分析問題方法，用這種方法可以激勵我們開動腦筋，解決問題。其工作程序如下：

(1)列出你在魚骨分析中所得到的問題點。

(2)列出你能想像到的所有導致問題的原因。

(3)繼續對每個所列的原因提出疑問，直到找到根源。

注意。在每一個對 WHY 的回答中，可能引發出一個或者多個問題，逐層向下回答，直到問題可以解決爲止。

10.假設檢驗方法

一般設備故障問題往往比較複雜，不是簡單的推理分析就可以馬上得到解決的，人們可以將問題分解成不同層次，一層一層地加以解決。這就像剝洋蔥的方法，剝開一層再剝開一層，直到問題的解決。假設檢驗方法是將問題分解成若干階段，在不同階段都提出問題，做出假設，然後進行驗證，得到這個階段的結論，直到最終找出可以解決問題的答案爲止。假設檢驗法又可以稱爲「剝洋蔥法」，其邏輯過程爲：

階段 A：問題 A→假設 1，2，…→驗證 1，2…→結論 A；

階段 B：問題 B→假設 1，2，…→驗證 1，2…→結論 B；

階段 C：問題 C→假設 1，2，…→驗證 1，2…→結論 C；

直到得出可以解決問題，得出最終結論。

在上面的邏輯驗證過程中，每一個階段都是一次 PM 分析過程，下一階段的問題往往是上一階段得結論，例如「問題 B」。一般爲「爲什麼會出現結論 A？」，然後再假設和驗證。直至最後找到故障原因，提出處理意見。

實例：注塑機小泵單獨工作壓力可達 10MPa，而大、小泵

同時工作系統壓力僅有 5MPa，機器無法正常工作。大小泵輸出的油路是連通的，小泵正常，說明問題出在大泵上，從大泵逐步分析如下：

(1)階段 A：

問題 A：那個因素引起大泵壓力不高？

假設	驗　證
溢流閥損壞	經檢查，溢流閥無異常
大泵本身損壞	經檢查，大泵無異常
換向閥 5A 問題	封住溢流閥排除 5A 影響，對溢流閥調壓，壓力可達 10MPa，假設成立
結論 A：換向閥 5A 問題引起大泵壓力不高	

(2)階段 B：

問題 B：換向閥 5A 有什麼問題？

假設	驗　證
密封圈失效	經檢查，密封圈無異常
電磁鐵 D1 損壞使閥芯不到位	用內六角扳手將閥芯推到底，壓力仍上不去，假設不成立
電磁閥內部磨損嚴重，間隙大，封不住油	閥芯與閥孔間隙過大，假設成立
結論 B：換向閥配合表面間隙過大，換向後不能封住先導油，使溢流閥不能正常調壓	

(3)階段 C：

問題 C：為什麼換向閥 5A 磨損嚴重？

假設	驗證
使用太久	在每一循環中，換向閥 5A 動作 3 次，5B 動作 1 次，故 5A 損壞，5B 正常，假設成立
液壓油不合要求	用 32 號機械油，長期不換，有水分，污染嚴重，假設成立
結論 C：換向閥換向次數過多，液壓油污染嚴重，引起配合表面磨損嚴重	

處理措施：

①重新配換向閥 5A 配合表面，使之達到公差範圍；

②換油並清洗油箱。

11.劣化趨勢圖分析

設備的劣化趨勢圖是做好設備傾向管理的工具。趨勢圖是按照一定的週期，將設備的性能進行測量，在趨勢圖上標記測量點的高度（任何性能量綱都可以換算成長度單位），一個個週期地描出所有的點，把這些點再用光滑的曲線連接起來，就可以大體分析出下一個週期的設備性能劣化走向。如果存在一個最低性能指標，則可以看出下一週期的設備是否會出現功能故障。

12.失效模式、影響和危害性分析

失效模式、影響和危害性分析是失效模式分析、失效影響分析和失效危害性分析三種分析方法組合的總稱。失效模式是失效的表現形式和狀態，如電路短路、機械斷裂等。失效影響

則是指某種失效模式對所關聯的子系統或整個系統功能的影響。失效危害性則是指失效後果的危害程度，通常用危害度來定量分析度量。

失效模式、影響和危害性分析過程如下：

- 對所分析系統自上而下按照功能劃分出「功能塊」。分解到最基本的構件、零件。具體分解到那一水準，可根據分析目標確定。

在調查的基礎上，找出各功能塊的失效模式和影響。

- 通過必要的測試與理化分析，查明失效的形成原因。
- 進行各失效模式的危害性分析，按照危害程度定性劃分為四個失效等級，等級的具體描述如表 7—1 所示。

表 7—1　失效模式的危害等級表

失效等級	危害程度
1	系統功能喪失，損失重大，可能導致傷亡
2	系統功能喪失，損失較大，沒有導致傷亡
3	系統功能下降，損失較小，對人無傷害
4	僅需要事後或計畫外維修

- 採取措施和對策解決問題。根據因果、危害性分析結論，採取如改善設計、技術改造、提高零件可靠度、裝置監控防護、定時檢查維修等措施，規避危害風險，保障設備高效運行。
- 填寫 FMEA 表格，記錄和總結失效規律，如表 7—2 所示。這個表格既是對以往分析處理過程的記錄，又是對

未來檢維修實踐的指導。

表 7—2　FMEA 表

失效模式和影響分析——FMEA									第　頁
系統：			填表人：			日期：			
子系統圖號	失效模式	判定原因	影響		檢測方法	危害性	改進措施	備註	
			本單元	系統					

第八章

設備使用與維護管理

第一節　設備使用管理

一、合理使用設備的條件

1.全員參與設備管理的理念

隨著設備日益現代化，其結構日趨複雜，要求具有一定文化技術水準和熟悉設備結構的工人來操作。因此，必須加強技術教育和素質教育，使操作者既能熟練安全操作設備，又能精心維護保養設備。操作人員是設備的第一責任人，充分發揮他們的積極性是用好、管好設備的根本保證。除操作人員外，其他與設備運行有關的技術員、維修工等，以及企業中的管理人員都與設備運行狀況有著直接或間接的關係，對設備的運行狀況及管理效果能夠產生不可忽視的影響。所以，設備管理是一項全員參與的管理工作。企業可以通過「全員生產維護」（TPM）或「全面規範化生產維護」（TnPM）活動，使所有員工都關注設備的運行狀態，提高員工愛護設備的自覺性和責任心。只有處理好專業管理和全員管理的關係，才能在「人員」這一環節為設備的正常運行提供良好的前提條件。

2.嚴格執行設備使用程序

培訓→教育→考核→頒證→操作，這是新工人獨立使用設備的程序，企業必須嚴格執行。

(1)新工人在獨立使用設備前，必須經過技術培訓。培訓內

容除安全教育、基礎知識外，還應包括使用設備的結構、性能、安全操作規程、維護保養、潤滑等技術知識，以及進行操作技能的訓練。企業培訓操作人員，可分爲三級進行，企業教育由廠職工培訓部門負責，設備動力和安全環保部門配合；分廠教育由廠長（工廠主任）負責，分廠設備動力部門配合；工段（小組）教育由工段長（小組長）負責，班組設備員配合。

(2)經過相應技術培訓的操作工人，要進行技術知識、操作能力和使用維護保養知識的考試，合格者獲操作證後方可獨立使用設備。憑證操作設備是保證正確使用設備的基礎。精密、大型、稀有和關鍵設備的操作工人由企業設備主管部門主考；其餘設備的操作工人由使用單位分管設備主考。考試合格後，統一由企業設備主管部門簽發設備操作證。技術熟練的工人經教育培訓確有多種技能者，考試合格後可取得多種設備的操作證。

(3)公用設備的使用可不憑操作證，但必須指定維護人員，落實保管維護責任，並隨定人定機名單統一報送設備主管部門。

3.設備的優化配置

設備的優化配置，是指企業應根據生產經營目標和企業發展方向，按產品技術要求的需要去配備各種類型的設備。

企業在全面規劃、平衡和落實各單位設備能力時，要以發揮設備的最大作用和最高利用效果爲出發點。配備時，要考慮主要生產設備、輔助生產設備、動力設備和技術加工專用設備的配套性；要考慮各類設備在性能方面和生產率方面的相互協調和平衡。隨著產品結構的改變，產品品種、數量和技術要求

的變化，各類設備的配備比例也應隨之調整，使其適應。由於多品種、小批量、生產期短的生產方式，乃至個性化、大批量的充分滿足不同客戶需求的及時生產模式，是企業產品生產的必然趨勢，所以設備配備時，應注意適當增加設備的柔性設置，提高設備技術加工的適應性和靈活性。

4.及時的物質保障和環境保證

各類物質的及時、充分的供應是設備運行的基本保證，即設備的正常運行有賴於物質保障，即能源、原材料、輔料、工具、附件、備件、運輸、廠房及生產環境等方面的保障，其中任一環節出現問題都將導致設備運行的中止。所以為確保設備運行，應制訂各類物質消耗、庫存定額及供應計畫。這些定額確定的依據是以設備運行為中心的生產計畫。

設備對其工作環境和工作條件，甚至操作員工的著裝都有一定的要求。工作環境不僅對設備正常運轉，延長使用期限有關，而且對操作者的情緒也有重大影響。例如一般設備要求工作環境清潔，不受腐蝕性物質的侵蝕，要有良好的照明和通風等；有些自動化設備還需配備必要的測量、控制和安全報警裝置；有些精密、特殊設備，如座標鏜床、精密數顯電子設備、高精度磨削設備、齒加工設備，工作條件要求嚴格，最好設立單獨工作間，配備恒溫裝置。因此在設備安裝時就要考慮設備的環境和工作條件要求，以保證設備的正常使用。

5.健全設備使用和維護制度

設備使用管理的規章制度，主要包括設備使用守則、設備操作規程、設備維護規程、操作人員崗位責任制、交接班制及

巡迴檢查制等，建立健全並嚴格執行這些規章制度，是合理使用設備的重要措施。

設備使用守則，是指對操作工人正確使用設備的各項基本要求和規定，內容包括交接班制、使用設備的「三好」、「四會」、「四項要求」、「五項紀律」等。涉及設備潤滑工作還有「潤滑五定」等內容。

「三好」包括：

- 管好設備：操作者應負責保管好自己所使用的設備，各種附件、儀器、儀錶、工具及勞保用品必須保持完整，未經允許，不得借與他人使用。

- 用好設備：嚴格貫徹操作維護規程及技術規程，嚴禁超負荷、超規範使用。

- 修好設備：操作人員要配合維修人員修好設備，做好日常維護工作，及時排除故障，保持設備性能良好。

「四會」包括：

- 會使用：熟悉設備性能、結構、傳動原理及操作規程，正確使用設備。

- 會保養：執行設備有關的維護、潤滑規定，保持設備清潔，潤滑及時，發現異常情況時會及時正確處理。

- 會檢查：熟悉設備開動前及使用後的檢查項目內容。

- 會排除故障：熟悉所用設備的特點，會排除運行過程中的簡單故障，排除不了的應及時報告，配合維修人員加以排除。

「四項要求」包括：

- 整齊：要求工具、工件放置整齊，安全防護裝置整齊，線路管道完整。
- 清潔：設備清潔，環境乾淨。
- 潤滑：按時加油、換油，確保設備潤滑良好。
- 安全：設備運行安全，不出事故。

「五項紀律」包括：

- 實行定人定機管理，憑操作證使用設備，無證不得操作設備，必須嚴格遵守操作規程。
- 經常性保持設備清潔，並按規定加油，保證合理潤滑。
- 遵守設備交接班制度。
- 隨機附件、工具齊全，不得遺失。
- 發現異常現象立即停機檢查，自己不能處理的問題應及時報告有關人員檢查處理。

設備操作規程，是指導操作工人正確使用和操作設備的基本文件，包括設備操作要領（通常指開動設備前的準備、開啓、停止的操作順序）及安全注意事項，設備的主要規格、加工範圍、傳動系統圖及潤滑圖表、常見故障及處理辦法、緊急事故處理辦法、主要設備的運行標準以及工作定額等。

設備維護規程主要涉及設備維護保養制度。操作工應按規程做好日常維護和定期維護，對重點設備的薄弱環節實施週期檢查或狀態監測。

建立操作人員崗位責任制就是實行專責制，規定設備操作崗位的具體內容和職責，制訂明確的考核標準。主要設備實行包機制，設備使用實行定人、定機、憑證上崗操作。

建立明確的交接班制度，嚴格辦理交接班手續，填寫交接班記錄，以便相互檢查，明確責任。

二、設備使用制度

企業長期以來在設備管理工作中實行專業管理與群眾管理相結合的方針，形成了一套有特色的行之有效的設備使用與維護制度。

1.包機制

包機制是崗位責任制的一種形式。包機制體現了全員管理的原則，在責、權、利統一的基礎上，由包機組負責設備的管理、使用及維護，使包機組成員成為設備的直接管理者。

包機組可按單台設備、系統、機組或區、段為單位，由操作及維護人員組成。包機組由一名組長負責協調各班組的工作，各班組又由一名班長負責，各班組對當班設備狀態負責，各班組之間嚴格執行交接班制度。

包機組一般實行五包：包生產出勤、包安全運行、包設備工作狀態良好、包電力、能源及物質消耗、包生產環境清潔。小組內部進行明確分工，做到「崗位固定、掛牌留名、責任到人」。每一崗位都應有崗位責任制、交接班制；每種設備都有操作規程、設備工作狀態良好標準、能耗標準和維護質量標準；設備週圍的清潔要求、定置畫線等有明確要求。

包機組負責保管設備及其附件、工具，有權拒絕執行任何不合理使用設備（如超負荷、超規範使用設備）的生產計畫安

排；有權拒絕接管不符合質量標準的設備和拒絕領用不合質量標準的物品。

包機制必須配套相應的獎懲制度和績效考核標準，對安全運轉和節能降耗有成效的包機組應進行精神和物質獎勵；反之則施以必要的懲罰。做到獎懲分明，使管理工作的好壞與個人利益緊密結合，能夠激起包機組成員的積極性。

一些企業結合自身情況，實行「包機制」明確崗位責任，設備故障減少的同時提高了生產效率。例如橡膠集團對生產設備的管理實行「包機制」，即生產設備由個人或小組承包，成為「包機人」，負責該設備日常的檢查、維護、保養，以及備品備件管理、設備台賬記錄等。在設備進行大修時，「包機人」還是項目負責人和安全監護人。實行「包機制」以後，「包機人」以項目管理的方式與單位簽訂承包合約，明確相互之間的責任和義務。

2.定人定機制

定人定機制是將設備的使用及維護中的具體措施落實到人，嚴格設備崗位責任，確保每一台設備都有專人操作和維護。定人定機制的具體原則是：每個操作員工固定使用一台設備；自動生產線或一人操作多台設備時，應根據具體情況制訂與之相適應的定人定機保管方法；公用設備由指定的專人負責。定人定機名單由設備使用單位提出，一般設備經工廠機械員同意，報設備主管部門備案。精、大、稀、關鍵設備經設備主管部門審查，企業分管設備副廠長（總工程師）批准執行。定人定機名單審批後，應保持相對穩定，確需變動時應按程序進行。

多人操作的設備應實行機台長制，由使用單位指定機台長，機台長負責和協調設備的使用與維護。

3.交接班制

機器設備爲多班制生產時，必須執行設備交接班制度。交班人在下班前除完成日常維護作業外，必須將本班設備運轉情況、運行中發現的問題、故障維修情況等詳細記錄在「交接班記錄簿」上，並應主動向接班人介紹設備運行情況，雙方共同查看，交接班完畢後在記錄簿上簽字。如是連續生產的設備或加工時不允許停機的設備，可在運行中完成交接班手續。

如操作工人不能當面交接生產設備，交班人可在做好了日常維護工作，將操縱手柄置於安全位置，並將運行情況及發現問題詳細記錄後，交代班組長簽字代接。

接班工人如發現設備有異常現象，交接班記錄不清，情況不明和設備未清掃時，可以拒絕接班。如交接不清，設備在接班後發生問題，由接班人負責。

企業在用生產設備均須設「交接班記錄本」，並應保持清潔、完整，不得撕毀、塗改或遺失，用完後向廠房交舊換新。設備維修組應隨時查看交接班記錄，從中分析設備技術狀態，爲狀態管理和維修提供資訊。設備交接班記錄本的格式如表8—1所示。

表 8—1　設備交接班記錄本

xxxx廠交接班記錄表			
設備編號：　　　　型號：　　　名稱：　　　規格：			
車間：　　　　　班組：　　　操作人：			

項目		A班	B班	C班
設備清掃及潤滑				
設備各部情況	傳動機構異常			
	零部件缺損			
	安全裝置			
	摩損（新痕）			
	電器及其他			
	開車檢查			
圖樣、技術、材料、質量等問題				
故障、事故處理情況				
台時記錄		實開： 故障停開：	實開： 故障停開：	實開： 故障停開：
A班	交班人：		接班人：	
B班	交班人：		接班人：	
C班	交班人：		接班人：	

維修組內也應設「交接班記錄本」(或「值班維護記錄本」)，記錄當班設備故障檢查、維修情況，爲下一班人員提供維護資訊。

設備管理部門和使用單位負責人員要隨時抽查交接班制度執行情況，並作爲廠房勞動競賽、現場評比考核的內容之一。

對於一班制的主要生產設備，雖不進行交接班手續。但也應在設備發生異常時填寫運行記錄並記載設備故障情況，特別是對重點設備必須記載運行情況，以掌握技術狀態資訊，爲檢修提供依據。

隨著資訊技術的進步，電腦終端進入生產廠房，企業可以將設備交接班記錄、運行維護記錄轉化爲電子文件形式錄入到資訊系統，交接班通過電子簽名方式確認。

三、設備合理使用的發揮

1.設備管理人員的作用

爲了檢查、督促設備的合理使用，企業多專門配備一定數量的設備管理人員，稱爲「設備檢查員」(設備員)，其職責包括：負責擬訂設備使用守則、設備操作規程等規章制度；檢查、督促操作工人嚴格按使用守則、操作規程使用設備；在企業有關部門配合下，負責組織操作工人崗前技術培訓；負責設備使用期資訊的儲存、傳遞和反饋。設備檢查員有權對違反操作規程的行爲採取相應措施，直至改正。由於設備檢查員責任重大，工作範圍廣，技術性強，知識面寬，一般選擇組織能力較強、

經驗豐富、具有大專以上文化水準和專業知識的工程師、技師擔任。

2.設備的合理使用

要做到設備的合理使用，首先應該根據企業的生產任務、技術特點對設備進行單機配套、機組配套、生產系統配套。使各種主要設備、輔助設備、運輸設備等有機地結合起來，做到相互協調、配套合理，才能充分發揮設備效能。其次，在制訂和安排生產任務計畫、設計製造加工技術時，又必須和設備的實際性能相匹配。目前，企業管理粗放，過於重視短期效益，掠奪性使用設備，導致設備提前報廢的事例層出不窮。

(1)合理安排生產任務

企業在安排生產任務時，要使所安排的任務和設備的實際能力相適應，注意匹配適應性。不能精機安排粗活，也不能小馬長時間拉大車，應該滿負荷而不是超負荷。要求操作工人超負荷、超範圍使用設備的情況也必須禁止。正是這種無視設備實際能力和操作規範的做法，導致企業設備使用壽命遠比國外發達國家同類設備短。

(2)合理設計生產技術

設備技術狀態完好與否，是技術管理和產品質量的先決條件，同時技術的合理與否又直接影響設備狀態。技術設計要合理，應嚴格按照設備的技術性能、要求和範圍，設備的結構、精度等來確定加工設備。

3.設備的性能發揮

合理使用設備的目的是提高設備的綜合效率，即充分、有

効地利用設備生產能力，高性能地生產合格產品，從而提高生產率、降低生產成本，提高企業效益。

提高設備綜合效率涉及四方面的內容，即從設備的數量、工作時間、工作能力、加工質量四方面著手提高設備綜合效率。

(1)設備的數量利用

企業擁有的設備，不一定都安裝在生產現場，即便已安裝在生產現場的設備，在一定時間內也不一定全部投入運行。所以對企業擁有的設備，可按其使用情況分為實有數、安裝數和使用數（運轉數）三類。

實有設備數是指企業實際擁有，可供調配的全部設備，包括企業自有的、租用的、借用的設備，但不包括已批准報廢的和租（借）出的設備。

已安裝設備數是指已安裝在現場，經驗收合格可以投入生產的設備。

實際使用設備數是指已安裝設備中實際投入運轉的設備，包括正常開動和暫停運轉的設備，但不包括已安裝而還未開動過的設備。

備用設備的數量是影響設備利用效率的重要因素。備用設備越多，佔用的資金、設備折舊、維護費用也就越多，設備利用效率越低；另一方面，如果備用設備不足，則設備損壞時造成的停機損失也越大，對於某些關鍵生產設備更是如此。很多企業為了避免由於備用設備不足導致的停機損失，就採取盡可能多備的策略，以此來掩蓋或淡化管理上的不足。

202

(2)設備的時間利用

設備的數量利用僅僅從一個側面反映了設備的利用情況，沒有反映出設備的時間負荷。因為設備只要是在一定時期內開動過，即便這段時間很短，設備就算被利用過了，這顯然是不全面的，因此需要用設備的時間利用率反映設備的時間利用情況。

設備時間利用率較低是工業企業中普遍存在的一個問題，也是企業效益不高的原因之一。設備的開動時間不足，是資源的一種極大浪費。首先，設備投資不能及早收回，因為只有在時間上對設備加以充分利用，才能多生產產品以及早收回投資，某些價值昂貴的設備其單位時間停機造成的生產效益損失十分驚人，每分鐘的直接停機損失高達幾千元甚至上萬元；其次，設備的時間利用率低，將使設備的無形磨損對設備貶值產生的影響加劇，在科學技術飛速發展的今天，這種影響就更加嚴重；此外，設備使用時間少，而同時發生的各種費用和支出，如固定資產稅、保險費等並不因此而相應減少，這也將在一定程度上降低設備的效益。

提高設備的時間利用率，可以從以下幾個方面著手進行：

- 增加設備的工作班數，縮短制度外時間；
- 保持前後工序、生產環節之間設備生產能力的平衡；
- 保證原材料、動力及備件的供應，避免和減少停工待料時間；
- 縮短設備檢修時間，加強日常維護，改善維修質量，延長檢修間隔期，減少修理次數和頻次；

• 部分項目採用專業化維修和社會化協作,提高維修效率。

⑶設備的性能利用

設備的數量及時間利用從不同角度反映了利用情況,但並沒有涉及到設備生產能力的利用。在某種條件下,設備的數量和時間都得到充分的利用,但是並沒有發揮出設備自身的性能,例如載重汽車的空載行駛,雖然數量、時間都得到有效利用,但其作為運輸貨物的職能並沒有發揮出來。另一方面,加工期間頻繁的小停機、工具切換等,也都降低了設備性能效率的發揮。企業一般使用設備負荷率或設備性能開動率指標對設備的能力利用情況和性能發揮情況進行考核,也就是設備實際工作能力(如實際工作中的單位時間的產量)和理論工作能力(如額定的單位時間的產量)之間的比值進行考核。

我們不少國營企業,普遍存在的一種現象是掠奪性的使用設備,無視設備本身的性能指標,超量、超負荷的使用設備,如同荷重 5 噸的橋非要開過 8 噸的汽車一樣。不少裝備的實際役齡大大低於國外同類型企業及理論壽命週期。這種追求短期效益,人為縮短設備使用壽命的做法非常不值得提倡,由此帶來的設備快速折舊損失和維修成本、可能的安全事故隱患等支出遠遠大於短期的收益。

⑷設備的加工質量

即使設備的時間利用情況和性能效率發揮都很好,需要關注的另一個問題還有設備在開動期間生產產品的質量情況。如果產品不合格率過高,仍然不能說設備的使用情況是好的。對於很多自動化程度高的流程裝置,人對產品質量的干預程度非

常有限，產品的質量水準完全依賴於設備的正常運轉。國內企業由於部門職能分割，產品質量的統計多獨立於設備管理部門之外，但設備運行好壞的評價標準，應該是在開動期間內盡可能生產更多的合格產品，從這個角度講，考核產品質量情況同樣是考核設備使用情況的一個重要方面。

(5)設備綜合效率的計算

實際工作中，對設備的時間利用、性能發揮和產品質量情況往往統一起來進行分析，即設備的利用，應從時間利用、性能發揮情況、產品合格率三方面綜合加以分析，目前國際上通行的做法是採用設備綜合效率（OEE）和完全有效生產率（TEEP）兩個指標對設備進行綜合考核。

OEE（Overall Equipment Effectiveness），即設備綜合效率，相應的計算公式如下：

$$OEE＝時間開動率×性能開動率×合格品率×100\%$$

在 OEE 的計算公式中，時間開動率反映了設備的時間利用情況；性能開動率反映了設備的性能發揮情況；而合格品率則反映了設備的有效工作情況。也就是說：一條生產線的可利用時間只佔計畫運行時間的一部分，在此期間可能只發揮部分的性能，而且可能只有部分產品是合格品。

$$時間開動率＝開動時間／負荷時間$$

其中，

負荷時間＝日曆工作時間－計畫停機時間－非設備因素停機時間

開動時間＝負荷時間－故障停機時間－設備調整初始化時間（包括

更換產品規格、更換工裝模具等活動所用時間）

性能開動率＝淨開動率×速度開動率

其中，

淨開動率＝加工數量×實際加工週期／開動時間

速度開動率＝理論加工週期／實際加工週期

合格品率＝合格品數量／加工數量

性能開動率反映了實際加工產品所用時間與開動時間的比例，它的高低反映了生產中的設備空轉，無法統計的小停機損失。淨開動率是不大於 100%的統計量。淨開動率計算公式中，開動時間可由時間開動率計算得出，加工數量即計算週期內的產量，實際加工週期是指在穩定不間斷狀態，生產單位產量上述產品所用的時間。其實，由於實際加工週期在計算速度開動率時做分母，會和淨開動率中的分子約去，該參數也可忽略，可直接使用「理論加工週期×加工數量／開動時間」來獲得性能開動率。

如果追究 OEE 的本質內涵，其實就是計算週期內用於加工的理論時間和負荷時間的百分比。

OEE＝（理論加工週期×合格產量）／負荷時間

＝合格產品的理論加工總時間／負荷時間

實際上也就是實際產量與負荷時間內理論產量的比值。

TEEP（Total Effective Efficiency of Production）稱爲完全有效生產率，也有資料表述爲產能利用率，即把所有與設備有關和無關的因素都考慮在內來全面反映企業設備效率。

TEEP＝設備利用率×OEE

其中，

設備利用率

＝（日曆工作時間－計畫停機時間－非設備因素停機時間）／日曆工作時間

＝負荷時間／日曆工作時間

第二節　設備維護管理

所謂設備的維護主要是指爲維持設備的額定狀態，所採取的清洗、潤滑、調整和封存等措施。維護工作內容大致包括：查看、檢查、調整、潤滑、拆洗和修換等項現場管理維護工作。在設備使用過程中，由於運動零件的摩擦、磨損使設備產生技術狀態變化，需要經常進行檢查、調整和處理等一系列工作。

對設備進行維護管理是設備自身運動的客觀要求，也是保持設備處於完好的技術狀態，延長設備使用壽命所必須進行的日常工作。

一、 設備的維護保養制度

設備維護保養工作的各項工作名稱、內容、工作要求和範圍的劃分，各部門、各行業目前不盡一致。設備維護工作按時間可分為日常維護和定期維護；按維修方式可分為一般維護、區域維護和重點設備維護。

「三級保養制」是從 20 世紀 60 年代開始，逐漸完善而形成的以操作者為主，對設備進行以保為主，保修並重的強制性維修制度。後來發展推廣的全面生產維護管理模式中的員工自主維護，很多理念和方法也和「三級保養制」的主體要求相一致。「三級保養制」的內容包括：

1.設備的日常維護（簡稱日保）

日常維護的很多工作可以作為標準的維護計畫管理，在設備資產管理資訊系統中加以應用。

日常維護保養由操作工人負責進行，其中專業性強的工作則可由專職維修人員負責（很多企業配備有專門的設備潤滑人員），內容包括每日維護和週末清掃。每日維護，要求操作工人在每班生產中必須做到，班前對設備的潤滑系統、傳動機構、操縱系統、滑動面等進行檢查，然後再開動設備；班中要嚴格按操作規程使用設備，注意觀察設備運行時發出的聲響、異味、

溫度、壓力、油位及安全裝置的情況，異常時應及時進行處理或報告專職維修人員；下班前要認真清掃設備，清除鐵屑，擦拭清潔，在滑動面上塗上油層，並將設備狀況記錄在交接班記錄本上。週末維護主要是要求每週末或節假日前要對設備進行徹底清掃、擦拭，按照「整齊、清潔、潤滑、安全」四項要求進行維護。

日常維護中的維護週期應制度化，一般每班要進行一次，薄弱部位則需要多次檢查維護。同時，維護效果要由維護工人和設備管理部門的負責人員分別進行檢查評分，並公佈檢查評分結果。每月評獎一次，年底總評一次，成績突出者給予獎勵，以激起操作工人維護設備的積極性，使日常維護工作做到經常化、制度化。

2.設備的定期維護（簡稱一保）

設備的定期維護（一級保養）是以定期檢查為主、輔助以維護性檢修的一種間接預防性維修形式，其目的是清除設備使用過程中由於零件磨損和維護保養不良所造成的局部損傷，減少設備有形磨損，調整或更換配合零件，消除隱患，恢復設備的工作能力及技術狀態，為完成生產任務提供保障。

維護計畫一般由設備管理部門以計畫形式下達執行，在維修工人輔導下，由設備操作工人按照下達的定期維護計畫對設備進行局部或重點部位拆卸和檢查，徹底清洗內部和外表，疏通油路，清洗或更換油氈、油線、濾油器，調整各部配合間隙，緊固各個部位。電器部分的維修工作由維修電工負責。

定期維護完成後應對調整、修理及更換的零件、部件作出

記錄，同時將發現後尚未解決的問題記錄，爲日後的項修及大修提供依據。由維護人員填寫設備維修卡記錄維護情況，並註明存在的主要問題和要求，交維修組長及生產工長驗收，機械員（師）提出處理意見，反饋至設備管理部門進行處理。

定期維護的時機應安排在生產間隙中進行，在不影響項修及大修的前提下，也可安排在停產檢修日進行。維護的週期是根據設備的結構、生產環境及生產條件、維護保養水準等不同條件綜合加以確定。例如固定式空壓機一般每三個月進行一次定期維護，而工作環境及生產條件相對較差的移動式空壓機則需每月進行一次；直徑 2m 以下的提升機定期維護週期爲 3—6 個月，直徑 2.5m 以上的提升機則爲 6—12 月。

設備定期維護間隔期一般爲：兩班制生產的設備每三個月進行一次，乾磨多塵的設備每一個月進行一次。參照預估週期，再結合設備自身生產條件和日常的維護保養水準，確定較準確的維護週期。對精密、重型、稀有設備的維護要求和內容應作專門研究，一般是由專業維修工人進行定期清洗及調整。

設備定期維護的主要內容包括：

- 拆卸指定的部件、箱蓋及防護罩等，徹底清洗，擦拭設備內外。
- 檢查、調整各部配合間隙，緊固鬆動部位，更換個別易損件。
- 疏通油路，增添油量，清洗濾油器、油氈、油線、油標，更換冷卻液和清洗冷卻液箱。
- 清洗導軌及滑動面，清除毛刺及劃傷。

・清掃、檢查、調整電器線路及裝置（由維修電工負責）。

3.二級保養（簡稱二保）

設備的二級保養是設備磨損的一種補償形式，它是以維持設備的技術狀況爲主的檢修形式。它的內容包括：

・除完成一級保養所需進行的工作外，要求潤滑部位全部清洗，並按油質狀況更換或添加。

・檢查、測定設備的主要精度和相關參數（例如振動、溫度等）。

・修復或更換易損件或必要的標準件。

・刮研磨損的導軌面和修復、調整精度劣化部位。

・校驗儀錶。

・清洗或更換電機軸承、測量絕緣電阻。

・預檢關鍵件及加工週期長的零件等。

二級保養完成後，要求設備精度、性能達到技術要求，相關參數符合標準，並且消除洩漏。對於個別精度、性能要求不能恢復，以及該更換的零件無法修復但不影響設備的使用和產品技術要求的問題，允許將問題記錄，便於進一步採取針對性措施排除。二級保養記錄應及時、認真。二保工作以專業維修人員爲主，操作工人參與和配合。

設備的日常維護、一保、二保工作的保養人和工作要點整理對比如表 8—2 所示。

表 8—2　設備「三級保養制」工作要點

內容 ＼ 級別	日常維護	一級保養	二級保養
保養人	操作工人	操作工人（主）、維修工人（輔）	維修工人（主）、操作工人（輔）
工作要點	班前檢查、加油潤滑、隨手清潔、處理異常、班後維護、真實記錄、堅持不懈、週末養護	定期計畫、重點拆解、清洗檢查、擦拭潤滑、間隙調整、緊固重定、行爲規範、記錄檢查	定期計畫、系統檢查、校驗儀錶、全部潤滑、修復缺陷、調整精度、損件更換、恢復公差、消除洩漏、認真記錄、制訂對策、標準驗查

二、 設備的區域維護

設備的區域維護是一種在行之有效的維修體制，又稱爲維修工包機制。它是企業按照生產區域設備擁有量或設備類型劃分成若干區域，維修工人有明確分工並與操作工人密切配合，負責督促、指導所轄區域內的設備操作者正確操作、合理使用、精心維護設備；進行巡迴檢查，掌握設備運行情況，並承擔一定的設備維修工作；負責區域內設備完好率、故障停機率等考核指標落實。區域維護是加強設備維修管理進一步爲生產服務，激起維修工人積極性的一種崗位責任制。

維護區域可按主要生產設備的分佈情況和生產需要，按設備的技術狀況和複雜程度進行劃分。對於流水線上的設備，亦可按整條線劃分。區域維護的人員組成應按技術素質高低進行合理組合，每一區域內均應配備一定數量的電工和維修鉗工，並由一名負責人負責組織、協調工作。

區域維護的工作內容是：

1.每日值班維修工人對負責區域內的設備主動巡迴檢查，發現故障和隱患及時排除，做好記錄。不能及時排除的應立即通知組長和機械員，進行有計劃的日常維修。

2.監督操作工人正確、合理使用設備，指導督促搞好設備的日常維護和定期維護，並在每班開始及結束時，查看所轄區內設備的點檢卡、交接班運行記錄，及時處理存在的問題。

3.參加廠房內週末設備維護檢查，按評分標準給負責區內的設備評定分數並做記錄。

4.按照計畫定期檢查設備外觀、潤滑系統、設備主要精度、設備技術狀態等，對設備進行調整和更換易損件，同時填寫「定期性能檢查卡」，做好設備動態管理。

5.及時處理突發故障和修理損壞設備。

6.做好設備的防漏、治漏工作。保持設備完好狀態。

區域維修承包後，並不意味著區域間工作的完全隔絕。很多企業按不同區域劃分進行維修承包後，由於管理機制問題，常常會導致區域間人員工作相互不能有效支援，結果導致有時候一些區域工作量不足，人浮於事；有時候忙於搶修，人手不足。

三、重點設備的維護

精密、大型、稀有、關鍵設備以及企業自己劃分的重點設備都是企業生產極爲重要的物質技術基礎，是保證實現企業經營方針目標的重點設備。因此，對這些設備的使用維護

除執行上述各項要求外，還應嚴格執行下述特殊要求：

1.實行定使用人員、定檢修人員、定專用操作維護規程、定維修方式和備配件的「四定」做法。

2.必須嚴格按說明書安裝設備。每半年檢查、調整一次安裝水準和精度，並作出詳細記錄，存檔備查。

3.對環境有特殊要求（恒溫、恒濕、防振、防塵）的精密設備，企業要採取相應措施，確保設備的精度、性能不受影響。

4.精密、稀有、關鍵設備在日常維護中一般不要拆卸零件，特別是光學部件。必須拆卸時，應由專門的修理工人進行。設備在運行中如發現異常現象，要立即停車，不允許帶病運轉。

5.嚴格按照設備使用說明書規定的加工範圍進行操作，不允許超規格、超重量、超負荷、超壓力使用設備。精密設備只允許按直接用途進行精加工，加工餘量要合理，加工鑄件、毛坯面時要預先噴砂或塗漆。

6.設備的潤滑油料、擦拭材料和清洗劑要嚴格按照說明書的規定使用，不得隨便代用。潤滑油料必須化驗合格，在加入油箱前必須過濾。

7.精密、稀有設備在非工作時間要加防護罩。如果長時間

停歇，要定期進行擦拭、潤滑及空運轉。

　　8.設備的附件和專用工具應有專用櫃架擱置，要保持清潔，防止銹蝕和碰傷，不得外借或作其他用途。

第九章

設備備件管理

第一節　備件管理的定義和目的

一、備件管理的定義

　　所謂的備件管理，就是爲了能夠按計劃進行設備檢修，儘量縮短故障停機時間，減少修理費用，在保證備件品種的質量和數量、供應及時、合理的原則指導下，對備件的計畫、製造、採購、儲備、供應等方面所進行的管理工作。其實，整個備件管理的過程也就是備件損壞規律、訂貨規律逐漸透明化，庫存結構逐漸合理化的過程。

　　設備備件管理是反映企業技術管理水準高低的一個重要指標，對於控制修理費用至關重要。合理的備件儲備有利於設備的正常運行；過多的儲備會造成有限的維修資金積壓；過少的備件儲備會影響生產的正常運轉。

　　備件管理和設備維修計畫密切相關，圖 9—1 所示表明了兩者的相互關係。

圖 9—1　備件管理和設備維修計畫密切相關

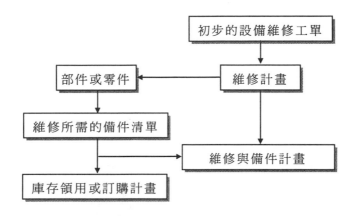

二、備件管理之目的

　　設備管理工作的目的就是要做到「三保」，即確保設備檢修的需要，保質、保量、保時間供應零（部）件。這要求似乎難以達到，但實際也不難做到，因為它只要求確保供應，並未注意或者忽略了是否經濟的問題，這是不注意技術經濟分析。因此，如果趕在檢修之前，按照裝配圖的零件數量、按零件圖的質量，預先準備好全部零件或絕大部分零件，這目的要求就完全可以達到。不過，這肯定會造成積壓浪費，因為檢修甚至是大修也僅是更換達到磨損極限而不能修復的少部分零件，絕不是大部分，更不是全部零件。

　　設備管理工作的目的要求增加了經濟性方面要求，既要保證設備檢修的需求，保質、保量、保時間供應，又不應積壓浪費。由於備件在數量與時間上的「不確切」，這一要求對管理水

準有了更高的要求。不過，只要設備管理工作者認真細緻地積累有關數據與經驗，並應用技術基礎分析的有關理論知識，找出相應規律，切實做好備件的技術管理、計畫管理與庫存管理，則這個要求相對來說還是可以達到的。

隨著備件管理的重心由管供、管用、管存轉變爲備件庫存結構合理化、備件壽命週期內費用最經濟，企業對加強備件管理工作重要性的認識也日益提高。具體到特定企業，備件管理工作的主要目的可能包括：

- 確保設備正常運行；
- 加強備件計畫及品質管制，提高計畫命中率，保證備件按需到位；
- 防止不合格的備件進廠，杜絕因備件質量問題造成檢修延時或生產不能正常進行；
- 滿足生產和設備檢修的需要。

概括地說，備件管理工作就是要實現以下目標：

- 有助於把設備突發故障所造成的生產停工損失減少到最低程度；
- 有助於把設備計畫修理的停歇時間和修理費用降低到最低程度；
- 有助於把備件庫的儲備資金壓縮到合理供應的最低水準。

三、備件管理的模式

企業管理水準參差不齊，設備維修管理制度也各不相同，有以事後維修為主，也有以預防維修、狀態維修或結合兩者優點的現代生產維修為主的企業。無論設備的複雜程度、技術水準高低如何，無論採取何種維修制度，設備維修與備件管理總是在不同程度上相互牽制，相互影響，相互依賴。問題的焦點依然是如何使企業的綜合成本最優化。對應於不同的設備維修制度，其備件管理模式側重點也各不相同，下面分別進行介紹。

1.以事後維修為主的企業的備件管理

設備事後維修是最簡單的維修模式，對設備的故障和所需更換的備件不能進行預測，設備和備件在無任何損壞信號及預兆情況下突然損壞，沒有定期的維修計畫，而只有在當設備無法工作時才開始維修，技術人員是「根據需要」修補和更換設備零部件。

事後維修是一種被動的維修方式，一般只用於那些廉價的、簡單、維修成本低、不太重要的設備，以及誤操作造成的突發事故等原因而採取的維修，但企業設備管理中還普遍存在這種維修方式，尤其是當產品供不應求時，企業往往採取拼設備的措施，提高產量，採取事後檢修方式。就是在發達國家中管理比較先進的企業內，許多設備事故都出乎人們預料之外，或者與其他維修模式比有明顯的綜合成本優勢時，設備事後維修制度還是在一定程度上存在的。

由於事後維修不能預測設備故障部位及所需要更換的備件的情況，維修組織形式及備件準備都處於被動地位。這就要求備件儲備的品種、規格型號及數量齊全，並盡可能地按原設備所配置的要求儲備，對於同品種規格型號的備件可根據其裝機數量按 3：1 的比例制訂備件儲備定額。由於事後維修不能預測設備故障的時間，爲了減少由於備件短缺或供貨不及時造成的停產損失，備件需要做超前儲備，備件庫存適用於「冗餘需求模型」，便於隨時領用。此種情況造成備件庫存的品種、規格型號以及數量大大增加，備件儲備週期過長，備件佔用資金過多。但其有利一面在於備件使用使命得到了最充分的發揮，直至完全失去使用價值時才更換，備件消耗低。企業也可以結合供方設庫的管理模式，把部分備件資金佔用的壓力轉移到供應商方面。

2.以設備預防維修為主企業的備件管理

設備預防維修也稱設備計畫檢修，是以設備的磨損理論爲基礎，根據設備的運行時間、作業率和設備備件的使用時間，爲了防止設備意外損壞及意外事故，執行定期的拆機檢查和零部件更換。具體修理週期、維修內容及備件、潤滑油、液壓油更換等方案，常常是根據設備生產廠家的意見和設備使用經驗，預先對其劣化和缺陷部位進行維修及更換備件，進行一系列預防性的設備維修，以保證設備處於良好的技術狀態。

設備預防維修在企業設備管理中被普遍採用，典型的設備預防維修形式包括設備計畫檢修、設備大中修，以及狀態預防等。

在設備預防維修制度下，可以提前制定設備及部件維修計畫，可以有較充分的時間進行設備維修資源的優化管理，其中包括備件的計畫、採購、製作及儲備等工作，備件管理工作處於較主動的地位。

由於設備預防維修是人爲地確定設備維修部位、維修週期和備件的更換週期，備件的品種、規格型號及需求數量相對比較準確，即備件的使用上機率較高，很少導致備件的過剩和積壓；由於設備維修的時間可以預定，備件的訂購及儲備週期也已確定。因此，備件管理的重點是應嚴格按照設備維修內容，制定備件採購計畫，加強計畫管理的決策及協調作用，提高備件計畫的準確性。在預留適當的提前天數的基礎上，可以盡可能要求供應商在指定的日期到貨，根據確定的檢修計畫，減少備件資金佔用時間。

設備預防維修的主要目的是防止設備（包括備件）的惡化，對設備進行提前維修更換，其結果常是設備尚處於良好的工作狀態便被拆修和重新組裝，所更換的備件其使用壽命並非完全終止，在一定程度上存在設備過度維修和備件過度更換的傾向，存在著一些主要零部件雖無嚴重問題，卻仍被白白更換掉的現象，存在著一定程度上的設備維修和備件更換的盲目性，導致備件的直接成本較高。因此，備件管理工作的一個重點是備件修復。應對更換下的設備、零部件重新按報廢標準鑒定，積極推廣應用「四新」技術，開展修舊利廢，再造備件的二次壽命。

3.以狀態維修為主企業的備件管理

　　狀態維修也稱預知維修，屬於預防維修的大範疇，但主要是借助油液分析、振動監測、運行監測、診斷技術、測試技術、信號處理等先進手段對設備進行監測，通過監測系統狀態，診斷設備的異常和劣化程度，以便制訂具有針對性的設備維修計畫或更換必須更換的備件，修復潛在的故障，避免不必要的停機事故。由於需要投入技術含量高、購置成本高的狀態監測系統，狀態維修多在平衡綜合經濟效果的基礎上，用於貴重、關鍵或需要的設備上。一般的設備維修需要做計畫，而用於狀態維修的設備先進行狀態分析後再對維修計畫做適當調整。

　　狀態維修在充分利用備件使用壽命、避免過度維護方面發揮了極其明顯的作用，在很多企業的大型軋機油膜軸承、發電設備、大型電機軸承、內燃機、壓縮機、液壓等重要設備上得到廣泛應用。

　　狀態維修運用測試技術對設備及部件進行連續檢測，收集和分析設備運行狀態信號，對運行異常及時發出警報，能發現設備和部件早期失效，在設備處於運行狀態時就能較正確地找出即將發生的故障原因及部位，做到只更換必須更換的部件，備件計畫制訂、採購和備件儲備管理等都有很強的針對性。

4.以生產維修為主企業的備件管理

　　生產維修的主要形式是在設備預防維修制度的基礎上將預防維修和狀態維修相結合，即對關鍵的、主流程設備實施狀態維修，對非關鍵的、不易損壞又無法週期更換備件的設備實施預防維修。該模式是目前國際上比較傾向採用的一種維修制

度,其最大的特點是既能保證生產的正常運行,又能降低維修成本,關鍵的主流程設備通過狀態維修,設備的維修週期的確定更加科學,更加符合生產發展需要。

第二節　備件管理的內容

從備件管理工作的目的,可以看出備件管理工作的內容主要包括四個方面,即備件的技術管理、計畫管理、庫存管理。技術管理是基礎,計畫管理是中心,庫存管理是保障。

一、備件的技術管理

備件的技術管理主要包括編制、積累備件管理的基礎資料,據此掌握備件的需求,預測備件的消耗定額、確定合理的備件儲備定額和儲備形式,為備件的生產、採購、庫存提供科學合理的依據。備件的技術管理,首先要做的就是落實備件消耗定額,進而確定儲備定額。既要千方百計盡可能地降低備件的消耗與儲備,又要根據生產計畫、設備運行與內外部環境的變化情況,及時、適當地調整相應的消耗與儲備,因此技術管理工作的重點在於制訂合理的備件儲備定額。

設備的零部件在運行過程中不斷磨損,當磨損達到一定程度時不能再修復,或雖可修復但經濟上不合算,只得報廢更換的過程,稱為零(部)件的消耗。由於絕大多數設備的零件,

是按等強度設計而不是按等壽命設計的,即其工作壽命是不同的,因而報廢、更換就有先後之分,消耗也快慢不同。而備件的消耗定額是指在一定條件下,生產單位產值或單位產量合理消耗備件的數量標準,如萬元產值為單位消耗的備件資金。這裏所說的一定條件,是直接影響消耗定額的各種因素,如管理人員的素質、企業經營管理狀況、自然環境條件、生產技術條件及備件質量等,在確定備件消耗定額時,都應考慮這些因素的影響。

備件消耗定額的確定,通常有以下幾種方法:

1.經驗估算法

根據以往備件管理的經驗,參考歷年設備運行統計資料和有關技術文件,並結合生產實際對消耗定額加以確定。該方法的優點是簡便易行,容易掌握;弊端是由於以過去的統計資料為依據,可能會把備件在實際使用中的浪費現象作為合理的消耗加以保留,從而直接影響估算的準確性。因此經驗估算法通常用於缺乏技術資料,影響消耗的因素比較複雜,綜合程度較大的情況。

2.統計分析法

在統計資料的基礎上,進行分析研究,同時考慮各種因素對備件消耗定額的影響,據此確定備件的消耗定額。

統計分析法能發現並消除一些不合理因素的影響,但所依據的統計資料必須準確,同時也要求備件管理人員具有較高的業務素質。

3.實測法

實測法是選擇有代表性的現場，對備件的消耗進行實際測定，根據實測結果和維修記錄進行分析研究，從而確定消耗定額的方法。

上述三種方法各有優缺點，在實際工作中企業往往可以結合使用。

二、備件的計畫管理

備件計畫管理的任務就是在備件儲備定額的基礎上，編制備件供應計畫，並對備件庫存與供應兩方面的資訊進行監控，使備件實際庫存量始終在儲備定額要求範圍內變動，以達到既保證生產維修的需要，又不積壓浪費的目的要求。

備件計畫管理一般是指從提出訂購和製造備件計畫開始，直到備件入庫為止這一段時間的工作。

一般由基層使用部門提出備件的需求計畫，管理職能部門結合調研情況、按照企業總體成本控制的目標，參考上一週期的實際備件需求情況，作出合理性分析，從而形成優化的庫存模型，進行匯總和部分調節後，執行備件採購計畫。由上述流程可以看出，備件的計畫管理主要是備件計畫的編制和組織實施，其中重要的是如何通過合理性分析來編制備件計畫。

備件計畫主要包括：外購備件計畫、自製備件計畫、維修用通用品計畫等。編制上述計畫應以各類備件匯總表為依據，包括年度維修計畫用備件、日常維護保養用備件、備件庫目錄

等資料。當前由於許多企業在一定程度上應用了電腦備件管理軟體，上述備件計畫的編制可以較快捷、準確的完成。

企業自製備件計畫編好後，連同備件製造圖樣、技術卡片一起交製造部門，以便組織生產加工。外購計畫編定後，按照主管供應部門規定的表格式樣、份數、日期，向相應的職能部門提交申請採購計畫，並附上必要的技術資料。備件計畫人員在保證備件供應及時，物美價廉的前提下可靈活決策備件供應方式。

備件供應計畫一般是每年編制一次，並趕在行業備件訂貨會之前編制好，以便參加訂貨會，使絕大部分外制備件均在訂貨會上訂制。因為行業訂貨會幾乎集中了優秀的製造廠家，資料完善、信譽保證、又容易「貨比三家」，既可大大減少訂貨時間與費用開支，更重要的是訂制備件的質量、單價、交貨期等都會有較好的保障。行業訂貨會多是一年兩次：第一次是前一年的秋冬之間，訂制下一年的備件；第二次是當年的春夏之間，是對第一次訂制備件之不足進行補充與調整，企業應充分利用這兩次訂貨會來解決外制備件的供應問題。

備件的年度供應計畫，除了提出年度總計畫需用量外，還必須明確交貨批量、批數、第一批交貨時間及以後每批的交貨時間。專職採購人員或備件計畫人員在制訂備件計畫時，必須按這些數據簽訂備件供應合約，確保按要求一次簽訂合約、分批交貨。

由於種種原因，特別是原定的消耗定額與實際的消耗速度不符時，若仍希望備件儲備量控制在要求範圍內，就有必要對

227

原計劃進行調整。實際上，如利用行業備件訂貨會，其中秋多間訂貨會確定的備件供應計畫，經過約半年左右的運作，應可對計畫的準確性有所檢驗，故可按其差異程度，在春夏間的訂貨會上進行補充和調整。

要確定差異，就得對計畫進行監控。備件計畫的監控有兩方面：一是對計畫本身的合約執行情況進行監控，查看供應單位有否履行合約；二是對實際消耗情況進行監控，從倉庫庫存提取資訊，與原定定額對比。根據這兩方面資料綜合，便可確定「差異」，從而對供應計畫進行適當調整。調整的依據是消除監控預測的「差異」，確保備件庫存量在要求的最大庫存量和最小庫存量之間的範圍內變化。

供應計畫的調整，一般必須與供應單位協商並達成一致之後才能進行。這就要求搞好協作關係，一般情況下供應商是會同意少量調整的，特別是現在市場多處於買方市場的情況下，更是如此。

三、備件庫存管理

備件庫存管理是指驗收入庫、正確發放、科學保管備件等工作。它是一項繁雜而又細緻的工作，也是備件管理的一項重要內容。

1.備件的儲備形式

由於企業的生產規模及生產管理體制，備件性質及庫存條件不同，備件的儲備形式也將有所不同，各企業應按自身的實

際情況和條件，靈活選擇適合自己的儲備形式。

(1)成品儲備

這是最常見、最普遍的儲備形式。對於那些已定型的備件，可製成（或外購）產品進行儲備，使用和裝配時不需再進行加工，如齒輪、摩擦片、花鍵軸等。少數配合件也可將尺寸分級製成可配合的成品，如氣缸套、活塞等。這類備件通常具有互換性。

(2)半成品儲備

部分備件配合尺寸須在修理時才能確定，因此這部分備件某些配合尺寸應留出一定的修理餘量，以便修理時進行尺寸鏈的補償，如箱體的主軸孔、大型軸類的軸頸等；有的毛坯先進行一次粗加工，以便檢查毛坯有無鑄造缺陷，避免在使用前發現毛坯有質量問題而陷入被動，這類的零件也適合於半成品儲備。

(3)毛坯儲備

為縮短停機修理時間，對於某些零件機械加工工作量不大，但又難於事先確定加工尺寸，必須在使用前按配合件的修理尺寸來確定加工尺寸的，可以按毛坯形式加以儲備，如曲軸、皮帶輪等；

(4)成對（套）儲備

有些零件的配合精度很高，在製造時成對（成套）加工，在修理時也是要求成對（成套）更換，以保證備件的傳動和配合精度。這樣的零件適合於成對（套）儲備，例如高精度的絲杆副、分度蝸輪副、螺旋傘齒輪副、高速齒輪副等。

(5)部件（總成）儲備

爲了便於快速修理，很多流程工業企業的流水生產上的設備的主要部件、同型號多的設備上的某些部件、標準化通用的部件、製造技術複雜、技術條件要求高、原製造廠及市場上以部件或總成形式供貨的，都適用於部件儲備的形式。例如減速機、油泵、液壓泵、各種電氣總成等。修理中更換下來的部件，經修復合格後，仍可以作爲部件儲備。需要注意的是，由於部件（總成）儲備時多數情況下佔用的資金較多，企業需要平衡儲備數量和停機損失之間的關係，以達到成本最優化的目的。

上述的各種儲備形式，目的都是爲了使備件儲備能最經濟、最有效地爲設備維修服務，企業在選擇時應充分考慮本企業的生產技術條件和零件本身在加工、使用、檢查中的某些特點。

2.備件倉庫設立

在現代工業企業中，備件倉庫的機械化與自動化得到很大發展。採用機械裝置來完成物料的存取，倉庫內部裝有起重機、叉式升降機（叉車）、輸送帶、多層貨架、簡易電梯、內部可移式貨架、整體可移式貨架等多種多樣的裝置，整個倉庫採用電子裝置控制，庫存管理中備件的存、取地點、庫存數量等的顯示，都可以通過電腦系統來實現。

倉庫的規模、層次和地點由企業規模和生產特點決定。很多企業生產規模較大，廠房設備分佈在兩三平方公里的範圍內，廠級倉庫離設備現場比較遠，爲了方便設備搶修，減少故障停機時間，設備檢修人員就近在廠房和工段班組儲備一些急

用備件。這樣，便形成了分級倉庫和分級庫存。

例如某鋼鐵集團就由三個廠級備件倉庫構成一級倉庫，四個廠房級備件倉庫構成二級倉庫，由工段班組存儲的少量備件構成三級倉庫。而且還向下建立機旁儲備，向上實行零庫存儲備，機旁儲備是指在設備旁邊儲備該機專用的備件，零庫存儲備是指某些備件不用本廠倉庫來儲備。

3.備件的入庫與庫存管理

企業的備件管理制度必須保證供應商交接的備件符合採購合約約定的規格。所有交接的備件在入庫之前，必須通過檢驗或測試環節。越是貴重、關鍵的備件，相應的檢驗或測試手段也應越嚴格。

多數備件由倉庫保管員按照裝箱單和檢驗合格證進行詳細檢查，驗收合格後及時辦理入庫手續。對於自製備件，應附上圖紙、技術卡片和檢驗合格證等一起驗收入庫。發現備件的質量問題，應聯繫有關部門和責任人退回處理。

備件保管期間，應對備件加工表面採取塗油、防銹措施，細長機械零件應設置備件吊架，以防變形，密封件等橡膠件、塑膠件應注意防止材料老化。

備件庫存管理應遵循管理高效、不受損失、存放整齊、取用方便的原則。做到備件數量清、質量清、用途清、價格清、賬卡清、架位清。凡庫內或庫外存放的備件，均應按設備及種類劃分貨架地段，分類保管。露天保管的備件，應墊高使備件不與地面接觸，並作好防腐、防雨和排水工作。對於一些動設備備用件，應安排專人定期試開，確保清潔，保持處於良好的

231

待用狀態。

作冗餘儲備的保險備件，應同其他備件分開或區別，在保管上作爲一個獨立部分處理。可以通過色彩管理方法作爲啓動再次訂貨程序的觸發器。例如：對於料箱裏的零件，可按庫存安全警示數量將零件用黃色膠帶纏繞成一包；按同樣的思路，用紅色膠帶將最低庫存數量的零件捆成一包。當撕開黃色包裝取走一些零件時，即提醒庫存保管人員應提交備件訂購單到採購部門，以便再次訂貨時使用。如果撕開紅色包裝，則預示可能即將發生庫存不足的「嚴重情況」，就要作爲緊急情況督促訂購交貨。

倉庫內的備件附近，應放置或貼有庫存管理卡（如表 9—1所示），供倉庫保管員作爲單項零部件的管理記錄使用。庫存管理卡一般由倉庫保管員填寫，包括如下項目內容：

- 庫存備件編碼及名稱；
- 備件說明；
- 供應商及備選供應商名稱、E-mail 地址及電話號碼；
- 最低庫存數量、訂貨時庫存數量、每次的訂貨數量；
- 第一次採購的日期及數量（訂購數量加上訂貨時庫存數量）。

在新備件入庫時，保管員將填入接收日期和庫存數量，並將該備件放到新分配的材料箱或貨架上。把庫存管理卡片放入透明塑膠夾中以保持清潔，也可一直貼在材料箱上，或者放在轉架上或類似的文件夾中。

表 9—1　庫存管理卡

	庫存目錄編碼		
物品			
供應商 名稱 電話		備用供應商 名稱 電話	
倉庫檢驗			
日期	入庫號		檢查人
出庫與入庫			
日期	出庫	入庫	庫存量
最低庫存量			
訂貨時庫存量：		訂購數量：	
物品價值			
再次訂購			
訂單號	日期	數量	經辦人

　　庫存保管的備件實物上系有標籤卡片，註明數量、名稱、圖號等。企業應建立庫存備件賬目，採取一項一賬，並按設備裝訂成冊，建立交庫、耗用、退庫等單據，做到收發有據，登記及時，記錄準確，賬物卡相符。

　　一般來說，倉庫保管員應嚴格按照已審批的備件領用申請單發貨。

　　為了核算成本，並累計不同設備項目所使用的備件數，申

請單必須有工作序號或者使用該配件的設備或設備操作部門的編號。還應包括配件的庫存目錄編碼（或項目說明）和批准的數量，以便調節庫存水準。領用人要簽字，以表示他們已收到了所申請的全部備件。

在實際運作中，臨時的應急措施也是允許的，一切應以滿足現場的維修工作需要爲出發點。

第三節　備件的 ABC 管理

一、ABC 分類原則

ABC 分類管理法又稱爲重點管理法，該方法是「以小努力獲得大效果」的一項有效管理技術，通過集中主要力量，有針對性地、突出重點地來抓主要矛盾，即「區別主次、分類管理」。應用 ABC 管理法，可以解決備件管理工作繁雜浩大而人員相對較少的矛盾，具有事半功倍的效果，不但能更好地保證供應生產維修需求，而且還可顯著減少儲備，加速資金週轉。本方法首先是要對備件進行分類，然後按類採取不同的對策進行管理，這也是目前多數企業常用的一種備件分類管理方法。

ABC 的分類原則與要求就是將備件按一定的原則、標準分爲 A、B、C 三類。因爲備件品種規格甚多，使用壽命千差萬別，製造工期長短不一，加工難度繁簡不等，價格高低相差懸殊，對設備的重要性程度亦不盡相同，這就給分類造成很大困難。

但這些不同，實際上也就是分類的依據，企業可按其擬定幾條準則，逐台設備進行備件分類，然後綜合平衡而得。分類方法有：

- 按備件單價高低分類。單價高的列為 A 類，單價低的列為 C 類，從最高與最低者開始分出。

- 按備件在設備上的重要性分類。將作用重要、設備要害部位的關鍵備件列為 A 類；作用次要的一般備件列為 C 類。

- 按備件結構複雜程度分類。將設計結構複雜、加工難度大、製造週期長的備件列為 A 類；結構簡單、加工容易、製造週期短的列為 C 類。

- 按備件使用壽命長短分類。將使用壽命很短的、即在生產中大量消耗的備件也就是一般稱為易損件的列為 A 類；而將使用壽命很長的列為 C 類。

- 按備件對影響生產的程度分類。將在生產中較多出現問題，要解決又比較困難的備件列為 A 類；而在生產中很少發生問題，即使發生問題也比較容易解決的備件列為 C 類。

按每條標準分類時，力求使 A 類備件的資金值控制在 70% 以上，其品種控制在 10%以下；而 C 類備件的資金控制在 10% 以下，品種在 65%以上。這樣分類後，再將 5 條標準分出的 A、B 類備件綜合起來，在綜合過程中應記錄其出現的機率次數（最小一次，最多五次）。最終的目的是希望達到 A 類備件的資金累計佔 70%左右，而品種累計則佔 10%左右；C 類備件的資金累計

佔 10%左右，而品種累計佔 70%左右；自然，餘下的 B 類備件，其資金累計將佔 20%左右，品種累計也佔 20%左右。要達到這最終要求，顯然，一次綜合是不可能達到的，要經過調整、綜合、再調整、再綜合的多次重覆過程才可能達到，在調整過程中反覆權衡，上下比較，使分類逐步接近最終的目標要求。

分類工作雖然是一次性的工作，但畢竟是工作量相當巨大的工作，故也應抓重點、講實效，將主要精力放在重點設備上，如果設備已分為 A、B、C 類，就是要放在 A、B 設備上。

應該指出，上述多準則的 ABC 分類，會出現大量矛盾的歸屬，綜合調整的工作量較大，ABC 管理的分類的核心還在於價值。

某企業對其庫存的 22.4 萬個品種、7669 萬元資金的備件進行分類，其中 A、B 類備件是 6.52 萬個品種，佔 29.1%；資金是 6989 萬元，佔 91.1%，經分類對策的 ABC 管理之後，備件資金週轉天數從 340 天降至 276.5 天，流動資金佔用減少近千萬元，而且備件供應都比較及時，臨時追加的訂貨項目大幅度減少，A、B 類備件超儲情況甚少，管理人員不增加而管理變得有條不紊，也較輕鬆，不像過去那樣忙亂而緊張。

二、備件的 3A 管理思路

傳統的備件 ABC 分類更多的是關注設備備件的批量和價值，而對設備及備件在生產流程中的作用以及設備停機後對生產的影響、造成的後果等關注不夠，勢必會造成有時因為一些

價值低但處於關鍵位置的備件短缺，而導致嚴重的停機後果的情況發生。為了克服這一弊端，我們倡導一種全新的 3A 分類管理辦法，其分類的主旨：一是考慮備件的關鍵性（損壞後果：對生產影響，對設備、安全與環境影響等）；二是考慮備件的易損壞性（負荷、位置、作用等）。即根據設備和備件對生產的影響大小，停機後果的嚴重程度，首先將設備進行 ABC 分類，然後再對部件（總成）做 ABC 分類，最後對零件作 ABC 分類，下面詳細介紹：

1.設備的 ABC 分類原則

- A 類設備：主流程上，對生產直接影響的設備或關鍵設備。
- B 類設備：非主流程上，但對生產影響較大的設備；或雖在主流程上，但不構成很大影響的設備等。
- C 類設備：非主流程上，對生產影響不大，故障後可以等待修復的設備。

2.部件的 ABC 分類原則

- A 類部件：設備的核心、主要負載部位，對設備生產運行影響直接，影響重要，發生故障後果嚴重、停機損失嚴重。
- B 類部件：設備的較重要部位，發生故障影響設備功能、產品質量、生產效率和安全環保，但不會造成嚴重損失。
- C 類部件：設備的輔助部位，發生故障暫不會對設備功能、產品質量、生產效率和安全環保產生即時的影響。

3.零件的 ABC 分類原則

- A 類零件：部件的核心、主要負荷部位，對設備生產運行影響直接，影響重要，發生故障後果嚴重、停機損失嚴重。

- B 類零件：部件的較重要部位，發生故障影響設備功能、產品質量、生產效率和安全環保，但不會造成嚴重停機損失。

- C 類零件：部件的輔助部位，發生故障暫不會對設備功能、產品質量、生產效率和安全環保產生即時的影響。

可以由設備、部件和零件的 ABC 分類派生出從 AAA，到 CCC 共 27 種零件類別。然而，爲了壓縮庫存，僅有若干類納入庫存結構模型管理範疇，其餘類均作零庫存處理，也就是說，當領用部門提出申請，才去訂貨、採購，平時不作儲備。

根據備件的損壞和更換規律，備件的狀態可分成三類。

- 一型備件：大流量消耗備件，損壞和訂貨週期清楚、確定；

- 二型備件：長週期損壞件，消耗量較小，損壞和訂貨週期清楚、確定；

- 三型備件：損壞或訂貨週期不清楚的損壞件。綜合以上的分類和分級，則可以構造了以下備件庫存結構表。

三、 備件 ABC 管理對策

A 類備件，是管理的重點，應嚴格清點，減少不必要的庫

存，庫存可壓縮到最低限度。B 類備件，可以應用存儲理論進行合理的儲備，採取定量訂貨方式。C 類備件，可簡化管理，國內一般採用集中訂貨方式。週圍供貨市場條件好的企業，可以借鑒 JIT（Just in Time，及時管理）方式，採取只存備件供應資訊，需要時再送貨的儲存模式，盡可能節約備件資金佔用。

第四節　備件管理資訊系統

一、備件的編碼

由於備件編碼沒有統一的編碼標準，所以在備件管理中，對品種千變萬化的備件進行編碼是一件令人頭痛的事。在過去的紙筆管理模式下，由於管理及資訊處理手段的落後，備件編碼不顯得特別重要，但在使用電腦進行備件管理時，對備件進行編碼將是備件資訊系統能否成功的關鍵。

1.編碼原則

備件編碼應遵循以下原則：

・簡短，便於識記和書寫；

・全面，要考慮全局，不亂不漏。

2.編碼步驟

主要包括以下實施步驟：

・制定編碼規則；

- 開會討論編碼規則，制定編碼表格，發放給各單位；
- 各個單位收集數據；
- 綜合各單位的編碼數據，重新分析，如有需要，重新修訂編碼規則；
- 確定編碼規則並組織數據錄入。

二、備件編碼方法介紹

參考文獻[7]提出了一種根據備件所屬類別進行分類的編碼方法，共 15 位，分爲 8 段，編碼示意圖如圖 9—2 所示。

圖 9—2　結構類屬分類編碼法

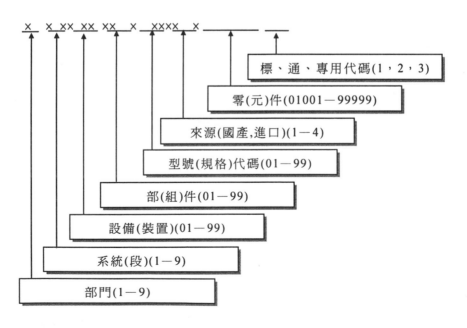

編碼說明：第 1 位代表部門（1—9）劃分：指備件所屬設備的歸屬部門，如工輔部、生產部等。

第 2 位代表所屬的系統（段）（1—9）：指備件所屬設備類屬的系統，如煉鋼鑄錠系統、熱軋系統等。

第 3、4 位代表所屬的設備（01—99）：指可以完成一個加工功能的獨立裝置，如轉爐、天車等。

第 5、6 位代表所屬的部件（01—99）：指設備上相對獨立，可以完成某一動作的元件，如減速機、聯軸器等。為了使此項分類符合企業實際，需要在現場調查的基礎上，結合設備圖樣，進行逐一歸類。為了使編碼規範統一，對不同設備系統上的同類部件，例如聯軸器，使用統一編碼。碼段劃分：01—50 一般為通用部件編碼範疇，如電機等；51—99 為專用部件編碼範疇。部件的劃分是在全廠範圍內進行，這樣可以保證不同部門的同類零件同碼。

第 7、8 位代表型號代碼（01—99）：指部件具體型號規格，如電機按照三相、兩相，交、直流及非同步、同步、伺服、鼠籠等形式所標定的不同型號。通用型號排在前面，特殊型號排在後面。

第 9 位代表備件來源（1，2，3，4）：指進口或國產，國產成品為 1，進口成品為 2，國產毛坯為 3，進口毛坯為 4 等。

第 10—14 位代表零件（01001—99999）：指獨立的、一般不再分割的備件，如螺母，彈簧等等。零件為 5 位數碼，分為兩段，具體的編碼原則如圖 9—3 所示：

圖 9—3　零件編碼原則

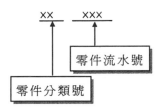

其中，零件分類號是根據零件的用途、結構及物理特性進行的綜合分類，如緊固件（含螺釘、螺母、墊圈、彈簧等），嚙合件（含齒輪、渦輪、蝸杆、絲杠、軸套等），密封件（含密封圈、法蘭盤等），氣動件（含氣缸、電磁閥等），配合件（含軸、套、瓦等），輪盤件（含各種導輪、鏈輪、車輪、轉盤等），電氣件（含各種強電配件，如開關、繼電器等）、電子件（含電子儀器中的弱電元件電阻、電容、電感、集成塊等），結構件（含各種機殼、箱、架、托等）。碼段劃分：01—50 為易於分類的配件編碼範疇；50—99 為無法分類的特殊、異型配件編碼範疇。

碼段中流水號按照零件不同規格由大至小順序編排。如果發現同一零件異號的情況（可能是屬同一部件，也可能屬不同部件甚至不同設備），將大號改為小號，大號空置或重新利用。

第 15 位代表標、通、專用代碼（1—3）：指零件是否為標準件、通用件或專用件。標準件屬於頒佈的標準件目錄內容，碼號為 1；通用件指在本企業有兩個或兩個以上不同部件使用了此零件，碼號為 2；專用件指本企業惟一設備部件使用的零件，碼號為 3。在編碼中如果不清楚零件是否屬於標準或通用，則暫時定為專用件，賦予碼號 3。一旦發現有相同零件出現在

不同部件，則將代碼號改小為 2，再發現它屬於標準件，則進一步改小為 1。

在確定上述編碼原則後，就可以使用條碼來輔助管理。條碼只安排從部件編碼到最後一位，即只選出上述編碼的倒數 11 位。這樣確定的條碼不會出現重碼，因為從部件開始，全廠已打亂部門之別，已完全區分開了，也就保證了不同部門的同一備件具有相同的條碼。條碼的 11 位分類即可確定為本企業標準備件編碼。

上述編碼確定後，就可作為備件資訊系統中識別備件的惟一代號。為方便查找和歸類，系統數據庫應分配一些欄位來區分備件的其他屬性，如對應 3A 管理的備件關鍵性欄位、國標部標分類欄位、備件價值分類欄位、對應 3A 管理的備件消耗規律分類欄位等，通過這些欄位和惟一編碼的組合使用，就可以很方便的實現備件查找、統計、消耗規律模型建立等功能。

三、備件流程設計

目前企業運行的備件管理資訊系統基本分為兩類：Client/Server 架構（C/S）和 Browser/Server 架構（B/S）。其中 C/S 架構系統的前端開發工具多為 PowerBuilder（PB），後端數據庫類型（DBMS）為 ORACLE 或者 SQL Server，而隨著 Internet 技術的廣泛應用，很多 C/S 架構資訊系統正逐步向 B/S 架構過渡。在 B/S 架構下，用戶介面完全通過 WWW 流覽器實現，B/S 架構的資訊系統利用不斷成熟和普及的流覽器技術實現了

原來需要複雜專用軟體才能實現的強大功能，節約開發成本的同時，也更好地保障了數據安全。

　　備件管理資訊系統的基本處理流程包括：領用人填寫「領用申請、庫存、採購資訊調查表（三聯單）」→廠房主管審核批准簽字→二級庫憑手續完備的三聯單發放備件→取條碼資訊或直接錄入電腦→填寫三聯單二級庫內容→將三聯單附在相應備件上→二級庫憑累積的三聯單向一級庫領用備件→一級庫憑填寫完整的三聯單向二級庫發放備件→一級庫填寫三聯單「備件採購資訊」內容→專管員匯總分析備件三聯單，構造備件庫存結構模型→一級庫備件負責人制定備件採購申請→報採購部門執行。

第十章

維修技術

第一節　設備的維修技術數據

　　設備維修管理不僅僅使現場井井有條，安全有序，重要的是保證設備的檢修技術實施。首先，要確定執行的技術質量標準、規程，尤其要求熟悉有關監察規程及部門的安全規程。

　　技術數據主要包括設備圖冊、歷年的檢修檔案、故障及事故記錄及本企業的維修標準。技術資料主要來源於隨設備購置而帶來的維修手冊、技術說明；向製造企業、專業書店和機構購置的技術文件；在企業維修實踐中自行編制、繪製的圖表和數據等。設備技術數據文件如表10—1所示。

表 10—1　設備維修主要技術資料

序號	名稱	主要內容	用途
1	設備說明書	規格性能 主要機械系統圖 液壓系統/氣動系統 電氣系統圖 基礎佈置圖 潤滑圖表 安裝、操作、使用、維修說明 滾動軸承位置圖 滾動軸承、液壓氣動系統元件、電氣元件、電子元件、傳動帶、鏈條等易損零件、外購零件明細表	指導設備安裝、使用和維修
2	設備圖冊	外觀示意圖及基礎圖 主要機械系統圖 液壓系統/氣動系統圖 電氣系統圖及線路圖 元件/部件/總成裝配圖	供維修人員分析排除故障，制訂修理方案，採購和製造備件參考

工廠設備維護手冊

續表

2	設備圖冊	備件圖 潤滑系統圖	
3	各動力站設備佈置圖，廠區動力管線網路圖	變配電所、空壓機站、泵房、鍋爐房等各動力站房設備佈置圖 廠區供電系統圖 廠區電纜/光纜走向及座標圖 廠區蒸汽、壓縮空氣、特殊氣體、上下水管網圖	供系統檢查、維修之用
4	備件製造技術規程	備件製造技術程序及加工設備 專用工、夾、輔、模具圖樣	指導備件製造作業
5	設備修理技術規程	設備拆解程序及注意事項 零部件的檢查修理技術及技術要求 主要部件裝配和總裝配技術及技術要求 需用的設備、工檢具及技術裝備	指導修理技術人員進行修理作業
6	專用工檢具圖樣	設備修理用各種專用工、檢、研具及輔助裝備製造圖	供製造及定期檢查
7	修理質量標準	各種磨損零件修換標準 各類設備修理裝配通用技術條件 各類設備空運轉及負荷試車標準 各類設備幾何精度及工作精度檢驗標準	設備修理質量檢查和驗收依據
8	動能、起重設備和壓力容器試驗規程	試驗目的和技術要求 試驗程序、方法及需用量具、儀器 安全操作規程和防護措施	用於鑒定設備性能、出力狀況和安全性是否符合有關規定
9	其他參考技術數據	有關國際標準及外國標準 技術標準 企業標準 各類標準化認證體系文件 各種技術手冊，工具書 設備管理期刊雜誌 國內外企業先進技術經驗以及新技術、新材料等有關資料	供維修、維護和技術改造等項工作參考

247

在技術數據管理方面應該注意從以下方面進行規範：

- 文件分類編號合理，便於電腦管理。
- 新設備數據要及時複製，進口設備數據及時翻譯複製。
- 文件格式統一，規範。
- 制訂並認真執行圖樣設計、技術文件編制、審查、批准及修改程序。
- 注意新舊技術標準和國內外技術標準轉化和對照。
- 對相關技術，修理質量標準，經過生產驗證應該定期覆查、改進和修改。
- 注意圖冊管理（注意補充繪製、更新、通用化、標準化、外購化、進口件國產化及改造後的數據更新）。企業技術數據入庫、修改、報廢管理表格如表 10—2、表 10—3、表 10—4 所示。

表 10—2　技術數據入庫單

名稱							來源	隨機/外購/自編	
編號							形式	底圖/藍圖/印刷品	
入庫數量	圖樣（張）							印刷品（本/頁數）	
	合計	目錄	0#	1#	2#	3#	4#	16 開本	32 開本
數據員			技術主管					經辦人	

註：本入庫單一式二份，經資料員清點無誤後簽收，一份交經辦人，另一份資料室存查，作為登記入賬依據。

表 10—3　技術數據修改通知單

數據名稱		資料編號		修改原因	
藍圖及底圖的編號或頁次		修改		撤換	
數據員　　技術組長　修改人　　年　　月　　日					
備註：本通知單一式兩份，修改人和數據人各一份。數據修改後數據員方可簽字。					

表 10—4　技術數據報廢鑒定表

技術數據報廢鑒定表　　　　　　年　　月　　日

數據名稱			資料編號	
報廢原因				
鑒定人	職稱		姓名	
審核				
批准				
資料員　　　　　　　　　　經辦人　　　　　年　　月　　日				

備註：1.由設備技術主管審查，主管負責人批准。

　　　　2.本鑒定書一式兩份，一份交數據室存查，一份由技術主管存查。

第二節　設備維修技術管理規範化

一、設備的維修標準

　　設備的維修標準是「設備維修管理」和「維修技術管理」工作的依據。實施管理的基本準則，也是對設備進行維修技術管理、點檢檢查、維護保養以及檢查修理等規範化作業的依據，還是衡量管好、用好和修好設備的基本準則。凡生產設備在投入生產之前，不具備這些標準，應不准予使用。因此，維修標準在點檢定修制中具有重要的作用，為如何對設備進行管理提供了方法、方向和具體要求。

　　使用於點檢定修制中的維修標準，也稱為維修規範，根據專業的不同和使用條件的不同，大體上可分為四大類，即維修技術標準、點檢標準（含法定檢查標準）、給油脂標準和維修作業標準。

　　維修技術標準是點檢標準、給油脂標準和維修作業標準的基礎，也是編制上述三項標準的依據。凡對一台設備的維修管理中首先的內容，就是在啟用前首先制訂好維修技術標準，如果該設備是列入點檢管理的對象設備，則再根據維修技術標準來編制點檢標準、給油脂標準和維修作業標準。

　　標準的內容如下：

　　1.對象設備、裝置的更換零件（即有磨損、變形、腐蝕等

減損量的工作機件）的性能構造、簡明示意圖、應用的材質等明確標準。

2.更換零件的維修特性，包括機件減損量的劣化傾向、特殊的變化狀態及點檢的方法和週期等。

3.主要更換件的維修管理值設定，包括零件的裝配圖面尺寸、允許裝配間隙、減損的允許量範圍，以及測定的項目內容、週期、使用的合格標準等。

4.其他對該零件所限制的項目內容，諸如溫度、壓力、流量、電壓、電流、振動等。

二、 維修技術標準

根據設備專業和使用條件的不同，維修技術標準可以分為通用性的和專用性的兩大類。

1.通用標準。是指同類設備且使用條件、工作環境相同的設備實行點檢、維修管理的通用性標準，多數用於電氣和儀錶等設備。如高直流電動機的定期測定標準；電氣繼保絕保等保護標準；變壓器設備定期試驗標準；高壓電器類的定期試驗標準。通用維修技術標準對機械設備（包括液壓、潤滑、動力等設備）也有適用的地方。如同類規格的泵、風機、空壓機、起重機、閥門、減速機、制動機等。

2.專用標準。專用維修技術標準多數應用於機械設備，特別是一些專用性強或非標準的冶金機械設備、裝置。如煉鐵設備、煉鋼設備、軋鋼設備、煉焦設備、燒結設備、化工機械、

動力機械、冶金起重運輸機械等的維修技術標準。

對上述通用性的設備、裝置由於使用條件、環境的不同，或有特殊性要求的電、儀設備也可以參照通用標準來設定專用標準。

三、維修技術標準的編制

維修技術標準的編制包括編制依據、編制分工和審批程序以及編制技術標準的典型案例等內容。

1.編制依據。設備製造廠家提供的設備使用說明書，它體現了設計者的設計觀念；參考同類設備或相似設備的維修技術管理值，它體現了前人的工作經驗和管理水準；制訂人員的工作經驗。

2.編制的分工和審批程序。通用標準由設備技術管理部門的專業技術人員進行編制，如設備技術室的專業工程師起草，經本室主任或專業高級工程師審定執行。

專用維修技術標準由地區機動科的對口技術人員進行編制，根據設備的分類級別報審批執行。其中 A、B 兩類設備由設備部技術室的專業對口工程師審定，C、D 兩類設備的維修技術標準由本科專業工程師審定。

3.編制標準的經驗記錄方法。通過維修中的知識管理來完成標準制訂工作。即每次維修要求進行完整、詳細、規範的維修記錄，把維修經驗、教訓詳細記錄下來。對一段時期，不同人員對同一設備的維修記錄進行比較和討論，形成標準文件。

維修技術標準在經過一年使用後，根據生產運轉、維護修理和更換零件的實際情況以及企業的維修方針等因素，逐步進行修改和完善，成爲一個針對性的又能根據狀態活用的標準數據，其方法和程序與編制時相同。

四、維修作業標準

企業對維修標準的另一類提法爲維修作業標準，它與維修技術標準有所不同。維修作業標準側重於維修作業行爲流程，而維修技術標準側重於維修精度和技術要求。

維修作業標準是檢修部門從事維修施工作業的依據和基準，也就是檢修作業的技術卡片。在此標準中重點規定了維修作業的對象、項目內容、實施的順序、技術安全上的特殊性要求，以及使用的工器具、工時分解進度表等，因此維修作業標準也稱爲工時工序表。

維修作業標準的內容如下：

1.作業名稱。即作業對象的主要內容、範圍、技術要求、更換零件或修復部位的名稱。

2.作業的順序。維修作業的拆裝次序、步驟、工時網路進度及作業注意點。

3.安全事項及工器具。施工場地和作業的安全、防護措施及所必要的工器具等。

當檢修方在接受點檢方的委託後，即對此檢修對象設備的部位的性能結構和環境條件進行充分的工程調查，在完全熟悉

的前提下，檢修方（班組）著手編制維修作業標準。初案在點檢人員確認後交檢修作業長審批，批准後由檢修班組長執行。同時，在作業中作好實績記錄，逐步完整，以形成標準化的工時表，因此，也可把此種作業標準稱為標準工時工序表。

第三節　維修流程規範化

設備維護/維修流程規範化是對檢查/維護/維修管理和運行全過程的科學規範管理體系。涉及到與設備運行、維護、維修等各個方面。只有規範的管理才可以使體系流暢，避免不穩定、隨機干擾和過多的人為干涉，減少異常，增加企業有序性。

一、操作員的設備維護流程

1.操作運行規範管理流程

圖 10-1 給出了某企業操作員工的操作運行規範管理流程。

正確使用和運行設備是設備保持良好狀態的基礎，是維護的起點。就像是人的良好生活和工作習慣是健康身體的起點一樣。從員工一進廠就要通過一系列的培訓、教育、考核，讓員工一切按照規範工作，這是減少故障和人為劣化的必要條件。

2.操作員工對設備點檢的流程

圖 10-2 給出了操作員工對設備點檢的流程。

圖 10—1　操作員工的操作運行規範管理流程

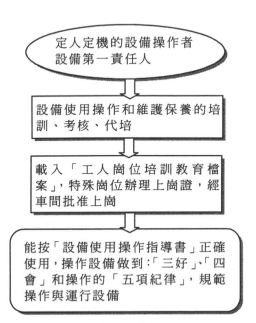

定人定機的設備操作者
設備第一責任人

設備使用操作和維護保養的培訓、考核、代培

載入「工人崗位培訓教育檔案」，特殊崗位辦理上崗證，經車間批准上崗

能按「設備使用操作指導書」正確使用，操作設備做到：「三好」、「四會」和操作的「五項紀律」，規範操作與運行設備

圖 10—2　操作員工對設備點檢的流程

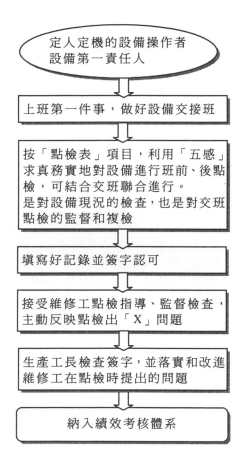

定人定機的設備操作者
設備第一責任人

↓

上班第一件事，做好設備交接班

↓

按「點檢表」項目，利用「五感」求真務實地對設備進行班前、後點檢，可結合交班聯合進行。
是對設備現況的檢查，也是對交班點檢的監督和複檢

↓

填寫好記錄並簽字認可

↓

接受維修工點檢指導、監督檢查，主動反映點檢出「X」問題

↓

生產工長檢查簽字，並落實和改進維修工在點檢時提出的問題

↓

納入績效考核體系

在此操作流程中，首先定人、定機並強調操作員工是第一責任人的責任，然後從交接班、點檢、記錄、反饋、考核幾個環節進行管理。

3.日保養和月/週末保養規範管理流程

圖 10—3 給出操作員工日保養和月/週末保養規範管理流

程。

圖 10—3 操作員工日保養和月／周保養規範管理流程

①班維護

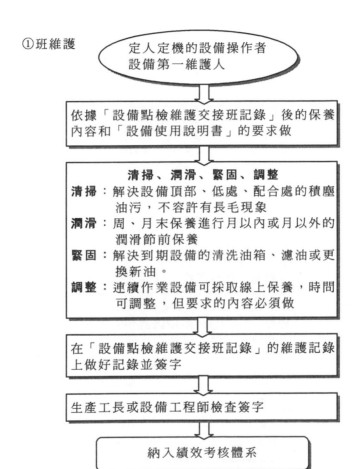

②週末保養、月保養、節前保養

```
        ╭─────────────────────────╮
        │   定人定機的設備操作者   │
        │   設備第一維護人         │
        ╰─────────────────────────╯
                     │
                     ▼
    ┌─────────────────────────────────────┐
    │ 依據「設備維護保養指導書」和點檢結合進 │
    │ 行                                    │
    └─────────────────────────────────────┘
                     │
                     ▼
    ┌─────────────────────────────────────┐
    │ 清掃：設備清掃不是平時打掃衛生的概念， │
    │ 不僅僅是掃地、抹表面，而是對「元器件」、│
    │ 「運動副」本體及周圍的清潔。要把元器件、│
    │ 故障隱患點、安全危險源、污染源、浪費源 │
    │ 暴露出來，沒有明顯落塵和加工廢屑       │
    └─────────────────────────────────────┘
                     │
                     ▼
    ┌─────────────────────────────────────┐
    │ 潤滑：「五定」、「三過濾」對點、種、量、期 │
    │ 掌握依據「設備潤滑示意圖」和「設備使用 │
    │ 說明書」的要求做，以補充油為主         │
    └─────────────────────────────────────┘
                     │
                     ▼
    ┌─────────────────────────────────────┐
    │ 緊固：防止把合件和防護件鬆動，避免設備 │
    │ 事故發生，保證運動副正確配合           │
    └─────────────────────────────────────┘
                     │
                     ▼
    ┌─────────────────────────────────────┐
    │ 調整：獨立或在維修工的指導下，使設備在 │
    │ 正常安全狀態下工作                     │
    └─────────────────────────────────────┘
                     │
                     ▼
    ╭─────────────────────────────────────╮
    │ 填寫好記錄並簽字，生產工長檢查簽字     │
    ╰─────────────────────────────────────╯
```

　　操作員工的保養包括每班維護、週末保養、月末保養、節
前保養（一級保養）以及各種機會保養。保養的內容包括清掃、
潤滑、緊固、調整，也有的企業加上堵漏、防腐等。

二、 設備檢維修人員的設備維護流程

1.日常點檢規範流程

設備檢維修人員的每日例行檢查，也稱日常點檢，其規範流程如圖 10—4 所示。

圖 10—4　設備檢維修人員日常點檢規範流程

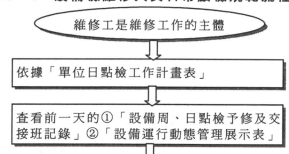

維修工是維修工作的主體

依據「單位日點檢工作計畫表」

查看前一天的①「設備周、日點檢予修及交接班記錄」②「設備運行動態管理展示表」

按規定時間、路線、內容，採取「一聽、二看、三檢查」①聽：聽操作者的反映；②看：是查看操作者設備交接班記錄和點檢表記錄；③檢查：是自己實際對設備進行檢查，並對操作工的使用操作、點檢和維護保養進行指導、監督和檢查。對「周點檢」檢查出在適時修理前還沒有解決的設備隱患問題要跟蹤重點檢查。要跟蹤故障修理結果

操作者要對維修工的「日點檢」做好配合

維修工要在：①「設備點檢維護交接班記錄」「點檢表」②「設備週、日點檢予修及交接班記錄」上做好相應記錄並簽字

問題反映處理納入績效考核

設備維修員工是維修工作主體，如果說操作員工是設備的「保姆、母親」，則維修人員是設備的「私人醫生」。其行動是依據「點檢工作計畫表」來進行的。首先他們要檢查前一天的設備點檢預修交接班記錄和運行狀態記錄；然後按照規定時間、路線、內容，通過「聽」「看」「摸」「聞」「問」等方式從操作員工和設備本身那裏獲取資訊，跟蹤設備狀態。這時的操作工應該對維修人員的日點檢進行密切配合。維修工要做好相應記錄，作爲下一步行動的依據，也作爲今後設備維修的參考資訊。最後進行恰當的問題處理，不能即時處理的問題及時進行反饋，納入今後維修計畫之中。同時將規範流程執行軌跡納爲員工績效考核系統。

2.週點檢規範流程

設備檢維修人員的每週例行檢查，也稱週點檢規範流程如圖 10—5 所示。

設備維修人員的每週點檢也是依照週點檢工作計畫表的安排進行。維修工要做的工作包括點檢記錄和簽字，點檢的「望、聞、問、切」實施，以及反映問題、發現問題、解決問題和遺留問題的記錄和反饋流程；下一步就是通過「小循環」解決能夠即時處理解決的問題並加以記錄。暫時不能處理的問題由「大循環」來解決，即通過例會和溝通，將問題納入項修計畫，然後實施維修，最後做好記錄和績效考核。維修人員的每週點檢與日點檢的主要區別在於對問題的「小循環」解決和「大循環」安排。

圖 10—5　設備維修人員的週點檢規範流程

```
      ┌─────────────────────────────────┐
      │        維修工是維修工作的主體        │
      └─────────────────────────────────┘
                       │
      ┌─────────────────────────────────┐
      │    依據「單位周點檢工作計畫表」         │
      └─────────────────────────────────┘
                       │
```

維修工要在：①「設備點檢維護交接班記錄」的「點檢表」②「設備週、日點檢予修及交接班記錄」上做好記錄並簽字

按規定與車間設備工程師約定的當日時間、按確定的內容
①足夠人力的電、鉗維修工配帶工具同時參加
②被點檢單位的設備工程師要介入週點檢的全過程
③攜帶「廠房週點檢工作內容記錄」
④被點檢設備的操作者要配合點檢工作
⑤採取「一聽、二看、三檢查」
⑥利用「五感」或 "監測儀器"
⑦對遺留問題要跟蹤重點檢查

與設備工程師共同在「廠房週點檢工作內容記錄」上的①反映問題②發現問題③解決問題④遺留問題欄做記錄並簽字

能處理的通過「小循環由維修工長安排解決，結果要有記錄（相關人簽字）

暫時處理不了的通過「大循環」，上「月計畫檢修落實和週日點檢溝通例會」形成月檢修、項修計畫或改進計畫

計畫實施（同檢修計畫）

暫時處理不了的通過「大循環」，上「月計畫檢修落實和週日點檢溝通例會」形成月檢修、項修計畫或改進計畫

計畫實施（同檢修計畫）

填寫修理竣工報告（相關人簽字）要重視記錄資訊的連續性和可追溯性，在「廠房週點檢工作內容記錄」上的遺留問題欄做好記錄並簽字

問題反映處理納入績效考核

三、設備檢修計畫

1.設備檢修計畫規範流程

設備檢修計畫規範流程如圖 10—6 所示。

設備檢修計畫制訂工作的主角是檢修工程師，其工作依據是按照工作週期制訂的檢修年度計畫，設備運行狀態，故障診斷與監測資訊，點檢記錄，各單位的檢修申報表等。通過每月的溝通例會來落實和修訂檢修計畫，然後結合維修規模，制訂檢修技術任務書和檢修關鍵、主要備件清單；下一步為主管的審批，最後是維修計畫的下發。

圖 10—6　設備檢修計畫規範流程

```
           ┌──────────────────────────┐
           │       計畫檢修工程師        │
           └──────────────────────────┘
                         │
                         ▼
┌────────────────────────────────────────────┐
│ 依據：                                       │
│ ①檢修週期結構制定的年計畫                     │
│ ②以設備運行動態爲平臺統計分析的故障率          │
│ 資訊                                          │
│ ③廠房週點檢工作內容記錄                        │
│ ④設備例會紀要                                 │
│ ⑤各單位設備預修申報表                          │
│ ⑥質量持續改進通知單                            │
└────────────────────────────────────────────┘
                         │
                         ▼
┌────────────────────────────────────────────┐
│ 月底召開「月檢修計畫落實和週日點檢溝通          │
│ 例會」                                        │
│ 參加人員：相關單位的設備工程師和維修段          │
│ 長落實檢修計畫                                 │
└────────────────────────────────────────────┘
                         │
                         ▼
┌────────────────────────────────────────────┐
│ 月初根據實際情況制定大（D）、中（Z）、小        │
│ （X）、項目修理（XM）計畫包括：                 │
│ ①檢修技術任務書                                │
│ ②檢修關鍵、主要備件清單                         │
└────────────────────────────────────────────┘
                         │
                         ▼
┌────────────────────────────────────────────┐
│ 領導審批：①設備部部門經理                       │
│           ②主管副總經理                        │
└────────────────────────────────────────────┘
                         │
                         ▼
┌────────────────────────────────────────────┐
│ 檢修計畫下發：                                 │
│ ①生產部                                       │
│ ②維修單位                                     │
│ ③相關廠房                                     │
│ ④發放單位留簽發登記                            │
└────────────────────────────────────────────┘
```

2.檢修計畫的實施和驗收規範流程

設備檢修計畫的實施和驗收規範流程如圖 10－7 所示。

圖 10－7　設備檢修計畫的實施和驗收規範流程

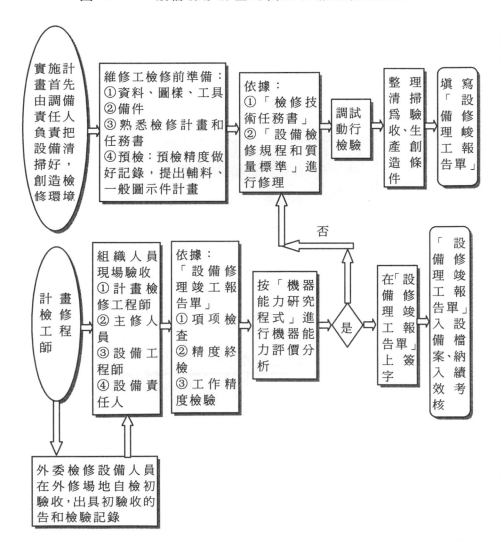

　　檢修實施流程，首先由設備負責人將修理現場清掃、整理好，爲維修做好環境準備；其次，主修人員要做好修理前的材料、輔料、備件、圖樣、數據、任務書、工具、輔具以及精度檢驗等物質和技術準備；再下一步就是按照維修規程和標準的維修實施了；接下來就是調試、運行、檢驗；然後就是清掃，爲驗收創造環境條件；最後填寫修理竣工報告單。

　　設備驗收規範流程的主角是檢修工程師，首先做好驗收組織工作；然後依據竣工報告單按照項目、精度要求進行檢驗；進一步進行機器能力分析評價。如果評價合格則在竣工報告單上簽字，最後納入檔案和績效考核；如果評價不合格則走回維修實施流程。

四、設備技術改造

1.設備技術改造計畫規範流程

　　設備技術改造計畫規範流程如圖 10—8 所示。首先由改造的主管工程師依據改造年度規劃、設備狀態資訊、使用部門的改造申請以及其他相關部門從質量、技術、安全、環境、成本等方面的改進要求，通過適當的會議形式進行討論，制訂出年度更新改造計畫；然後經主管批准下發。

圖 10—8　設備技術改造計畫規範流程

```
          ┌─────────────────────────┐
          │     負責更新改造工程師      │
          └─────────────────────────┘
                        ↓
┌─────────────────────────────────────────┐
│ 依據：                                     │
│ ①年度計畫                                  │
│ ②以設備運行動態為平臺的故障率連續高的          │
│ 資訊、歷次車間點檢內容記錄、上報設備例          │
│ 會紀要進行綜合分析結論                       │
│ ③各單位設備改造申報表                        │
│ ④質量、生產、工藝、安保的持續改進通知          │
│ 單                                         │
│ ⑤維修成本過高的資訊                         │
└─────────────────────────────────────────┘
                        ↓
┌─────────────────────────────────────────┐
│ 年底召開「年度更新改造計畫擬定會議」           │
│ 參加人員：項目主管工程師、相關部室技術、        │
│ 質保、安保人員，相關單位的廠房主任或生          │
│ 產副主任、設備工程師和維修段長                │
└─────────────────────────────────────────┘
                        ↓
┌─────────────────────────────────────────┐
│ 制定「年度更新改造計畫」                      │
└─────────────────────────────────────────┘
                        ↓
┌─────────────────────────────────────────┐
│ 領導審批：                                  │
│ 總經理、主管、副總經理、設備部部門經理          │
└─────────────────────────────────────────┘
                        ↓
┌─────────────────────────────────────────┐
│ 改造計畫下發：                               │
│ ①管理控制中心　②財務部　③生產部             │
│ ④相關單位　　　⑤維修單位                    │
│ ⑥簽發部門留底簽發登記                       │
└─────────────────────────────────────────┘
```

2.技術改造實施規範流程

設備技術改造實施規範流程基本上是項目管理流程，如圖

10—9 所示。

圖 10—9　設備技術改造實施規範流程

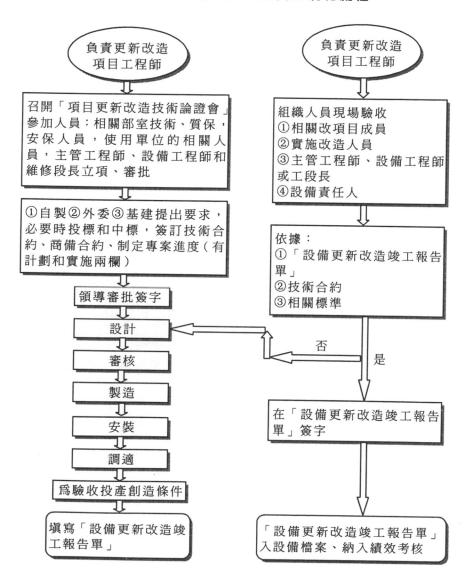

其內容包括召開技術改造論證會議，必要外協項目的招投標工作，主管審批，然後開始了設計、審核、製造、安裝、調試、驗收準備以及最後的項目驗收。

設備技術改造驗收的規範流程首先是組織相關技術人員和專家，按照技術改造竣工報告單、技術合約、設計指標及相關標準對改造完成的設備進行驗收。如果驗收通過，則在竣工報告上簽字，最後將簽字的竣工報告存檔並納入績效考核體系；如果驗收不通過，則回到上面流程的設計階段，進行重新設計改造。

五、設備安全檢查

1.設備安全檢查規範流程

設備安全檢查規範流程是由單位設備工程師或者維修工段長帶隊，按照每週五的安全檢查規定，根據週、日點檢記錄的問題，對重點、高危險隱患設備的檢查，然後及時進行處理解決，並將處理結果進行記錄，並在下週一的安全例會上總結、研究進一步整改計畫或者糾正措施計畫，完成週安全檢查和處理工作報告。下一步是問題整改計畫和預防措施的實施，最後將實施結果納入下一次週、月報告等相關記錄之中。

與此同時，設備使用部門的安全員會同設備工程師，安全小組，同樣按照上述相關規定對設備進行安全聯查。其規範流程如圖 10—10 所示。

圖 10—10 設備安全檢查規範流程

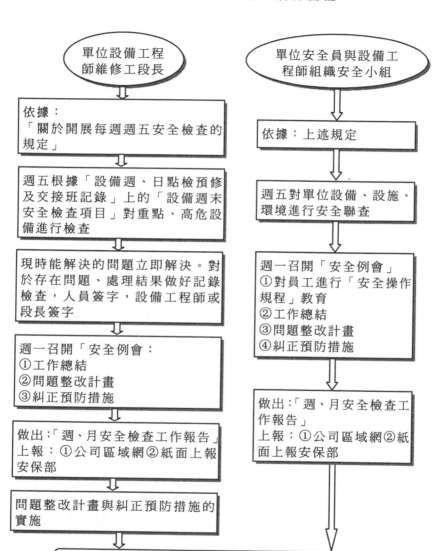

```
┌─────────────────────┐        ┌─────────────────────┐
│   單位設備工程         │        │   單位安全員與設備工   │
│   師維修工段長         │        │   程師組織安全小組     │
└─────────────────────┘        └─────────────────────┘
         │                               │
┌─────────────────────┐                  │
│ 依據：               │                  │
│「關於開展每週週五安全檢查的│      ┌─────────────────────┐
│ 規定」               │      │ 依據：上述規定        │
└─────────────────────┘      └─────────────────────┘
         │                               │
┌─────────────────────┐      ┌─────────────────────┐
│ 週五根據「設備週、日點檢預修│    │ 週五對單位設備、設施、 │
│ 及交接班記錄」上的「設備週末│    │ 環境進行安全聯查      │
│ 安全檢查項目」對重點、高危設│    └─────────────────────┘
│ 備進行檢查            │                  │
└─────────────────────┘                  │
         │                      ┌─────────────────────┐
┌─────────────────────┐      │ 週一召開「安全例會」   │
│ 現時能解決的問題立即解決。對│    │ ①對員工進行「安全操作 │
│ 於存在問題、處理結果做好記錄│    │ 規程」教育            │
│ 檢查，人員簽字，設備工程師或│    │ ②工作總結            │
│ 段長簽字              │      │ ③問題整改計畫         │
└─────────────────────┘      │ ④糾正預防措施         │
         │                      └─────────────────────┘
┌─────────────────────┐                  │
│ 週一召開「安全例會：   │                  │
│ ①工作總結            │      ┌─────────────────────┐
│ ②問題整改計畫         │      │ 做出:「週、月安全檢查工│
│ ③糾正預防措施         │      │ 作報告」             │
└─────────────────────┘      │ 上報：①公司區域網②紙 │
         │                      │ 面上報安保部          │
┌─────────────────────┐      └─────────────────────┘
│ 做出:「週、月安全檢查工作報告」│              │
│ 上報：①公司區域網②紙面上報│                  │
│ 安保部                │                  │
└─────────────────────┘                  │
         │                               │
┌─────────────────────┐                  │
│ 問題整改計畫與糾正預防措施的│                  │
│ 實施                 │                  │
└─────────────────────┘                  │
         │                               │
         └───────────┬───────────────────┘
              ┌─────────────────────────────┐
              │ 實施結果納入下一次「安全檢查工作報告│
              └─────────────────────────────┘
```

2.設備事故處理規範流程

設備事故處理規範流程如圖 10—11 所示。

圖 10—11　設備事故處理規範流程

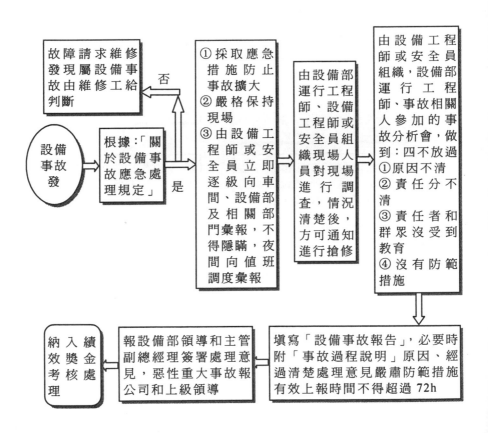

一旦發生設備事故,根據相關規定,先採取應急措施,同時保持現場,然後快速彙報;接著進行現場調研,問題清楚後進行設備搶修;事後要召開設備事故分析會議,做到原因不清

不放過，責任不明不放過，責任者和群眾沒受到教育不放過，沒有防範措施不放過。接著要填寫事故報告和過程說明，逐級上報，將此納入績效考核體系。對「人」以教育為主，正面、正向的引導，目的是不再犯同樣的錯誤；對「事」以追溯為主，逆向、反向，刨根問底，目的是找出真正原因，避免同樣失誤。

六、故障維修請求和緊急情況處理

1. 故障後請求維修的規範管理流程

當設備出現故障，操作員工首先應該將設備現場清掃乾淨，方便後來的檢修；然後填寫設備維修請求單，包括設備名稱編號、交修部門、故障現象、申請時間等資訊；由維修人員實施維修，在此期間操作人員應該協助維修，並借此機會瞭解設備結構，學習維修知識——這要成為一種企業制度；修理完成後，維修工應該填寫修理請求單上的相關項目，記錄開工時間、完工時間、等待原因、完成情況、更換備件等情況；再來由操作人員會同相關技術人員對維修好的設備驗收並簽字。操作者填好「設備點檢維護交接班記錄」，成為廠房設備記錄檔案，維修工做好「設備週日點檢預修及交接班記錄」。成為公司設備記錄檔案。

圖 10—12　設備故障請求維修的規範管理流程

設備事故發生！！

操作者把設備清掃乾淨，爲維修創造良好的修理環境

操作者到負責設備維修單位填寫「設備維修請求單」的項目：①交修部門②設備名稱編號③故障現象④交單時間

維修工實施修理。操作者要介入協助修理，要瞭解故障原因，並學習排除故障和修理方法

修好後，維修工清理好現場，儘快恢復生產

由維修工修好後填寫設備維修請求單」的項目：①開工時間②完工時間③等待原因④完成情況⑤更換備件
驗收後由廠房技術人員、維修工雙方簽字，一式兩份

清楚修理結果，操作者在「設備點檢維護交接班記錄」填好記錄，成爲廠房設備記錄檔案

維修工在「設備週日點檢預修及交接班記錄」做好記錄，成爲公司設備記錄檔案

登錄「設備運行動態表」

2.緊急情況處理的管理規範流程

下面介紹一些企業在緊急情況出現時的管理規範流程。企業的消防預警措施的一般規範流程，如圖 10—13 所示。企業面對的可能是自動消防裝置、消防水系統、加壓系統、天然氣報警系統、變電站防火監控系統以及其他消防裝置。首先要有對這些裝置的定期校檢、定期更新制度，同時要進行定置管理；然後對自動系統的定期試驗；對手動系統的定期培訓演練。這樣，一旦緊急情況發生，就觸發預警報告與消防體系，全員參與其中。

圖 10—13　消防預警措施的一般規範流程

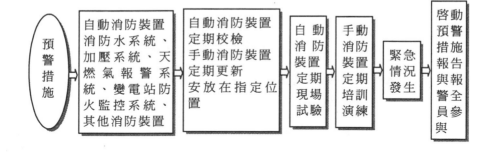

3.四位一體，六步死循環的管理體系

在 TnPM 推進中，我們對生產現場設計了四位一體，六步死循環的管理體系。四位一體：即建立從「清掃→點檢→保養（調整-緊固-治漏-防腐）→潤滑」的設備維護體系。四步中尤其要強調「潤滑」，通過潤滑週期和強度來保證設備的良好潤滑；當自主維護遇到不能解決的問題，再傳遞給專業維修人員進行「診

斷→維修」，從而形成一個「六步死循環」完整的作業體系。認真執行該體系，就可以隨時收集記錄日常的微小故障和故障隱患，爲將來的集中維修打下基礎。對於生產現場的操作員工而言，首先做好設備清掃（6S）工作，在清掃過程中自然進行設備的點檢，發現可以自行解決的保養問題，如調整、緊固、治漏、防腐等，隨時進行自主維護，最後按照潤滑「五定」的規則進行潤滑。在點檢中發現難於解決的問題，跳出現場維護死循環，交給專業維修人員進行診斷和維修，形成專業維修死循環流程。

以上規範化流程是以某企業爲背景設計的，流程是與企業的組織結構相匹配的。無論是管理流程還是組織結構均有改變和簡化的空間。一般而言，應該將所有能夠最簡運行的管理流程設計好，然後以此來設計與此流程相適應的組織結構；反過來，也有一些流程爲適應難以變動的組織結構而設計。一個優秀的企業應該在不斷簡化和優化管理流程時，不斷對自己的組織結構進行重組再造。

4.合約化維修流程的規範

對於合約化的維修，維修流程的規範是對維修組織行爲過程能力水準的檢驗，就像 ISO 體系一樣。除此之外，維修質量的檢驗與驗收體系，包括對設備工作能力、運行速度、精度、平衡、振動等參數的確認，又是對維修結果的檢驗。對於外部協力、合約化維修，也應該設計從合約簽定到維修，再到維修後的質量檢驗體系，最後到驗收的管理規範流程。

第四節　維修行為的操作規範化

維修行爲規範化也屬於規範化體系的一部分。維修行爲規範化實質上就是制訂和執行維修技術的過程。企業生產製造一般會依據一定的技術進行，製造業設備產品的裝配也有其科學合理的裝配技術，然而相當一部分企業的設備維修卻沒有一套完整的拆裝和維修技術作爲支撐。維修往往是經驗型的工作，每次維修行爲都存在差異。這樣，損壞性的維修就難以避免。制訂維修技術是維修行爲規範化的前提。設備維修技術可以參考設備說明手冊，參考生產廠的裝配技術，也可以根據維修經驗總結提煉成經驗型的維修技術。將制訂好的維修技術對維修人員進行培訓，使他們熟悉設備結構，熟悉拆裝過程邏輯，熟練的應用維修技術去檢維修設備，可以大大減少差錯，降低維修損壞風險，保障設備維修質量，防止維修中的安全事故發生。

一、 設備解體檢查和故障診斷

首先，應該制訂設備解體檢查流程框圖，給出設備解體的邏輯順序，並明確規定解體拆下的部件擺放定置規則。在解體檢查流程中明確檢查部位、檢查的內容、檢查使用的儀器和手段、零件正常和異常標準、故障診斷的邏輯框圖、故障診斷技術、工具與手段，以及故障原因分析方法等。

二、設備主要總成、部件、零件修理規範

根據總成、部件、零件的故障機理和特點，設計維修、修復規範和方法。包括故障特徵、原因分析、針對不同原因的不同維修方法、技術手段、操作手法等。以橋式起重機爲例加以說明。

例：橋式起重機啃軌修復規範

橋式起重機在運行中輪緣靠近軌道側面時發生摩擦，導致輪緣與導軌側面磨損，這種現象稱爲「啃軌」。「啃軌」會使電動機和傳動裝置負荷增加，使軌道快速磨損，而且由於「啃軌」產生的水準側向推力，還嚴重惡化了橋架和廠房結構受載條件。

1.車輪啃軌特徵

起重機運行時，發現下列跡象並伴隨運行阻力增大，電氣元件與電動機故障頻繁，一般判斷是出現啃軌故障。啃軌的伴隨特徵是：

- 軌道側面有條明亮痕跡，嚴重者痕跡上有毛刺。
- 車輪輪緣內側有亮斑並伴有毛刺。
- 軌道頂面有亮斑。
- 起重機行駛時，在短距離內輪緣與軌道間隙有明顯變化。
- 起重機行駛時，特別在啓動、制動時車體走偏、扭擺。

2.車輪啃軌原因分析

車輪啃軌主要原因如下：

- 車輪位置安裝不準確。

- 橋架變形，影響車輪跨距和對角線改變。
- 車輪在使用中直徑磨損不均。
- 傳動機構中某環節鬆動。
- 制動器鬆緊調節不當。
- 軌道鋪設精度未達到規定。

3.車輪啃軌的修復調整

- 車輪水準偏斜的調整：調整角型軸承箱上垂直墊片的厚度。調整時可把垂直鍵板撬下來，待加好墊片，經過測量合格再焊上，墊片厚度不超過 2.5mm。
- 車輪垂直偏斜的調整：調整角型軸承箱上的水準鍵的墊片厚度。
- 車輪位置的調整：卸下整個車輪組，把四塊角型軸承定位鍵割掉，重新配置找正定位，再把車輪組裝上去，經過測量合格後，把定位鍵焊上。
- 車輪跨距調整：調整角型軸承箱的夾套。
- 對角線的調整：車輪位置與跨距調整。

例：起重機主樑下撓的修復規範

長期使用，起重機主樑會出現下撓變形現象。矯正起重機主樑下撓規範如下：

(1)火焰矯正法。利用金屬熱塑變形原理，在主樑下蓋板和腹板局部區域用火焰加熱，待主樑冷卻收縮時產生向上拱起永久變形，達到矯正起重機主樑下撓的目的。這種方法簡單易行，但容易降低材料屈服強度，引起再次下撓，矯正後宜在下蓋板加焊型鋼加固。

(2)預應力矯正法。在主樑下蓋板兩端焊上兩個支架，然後把若干根兩端帶有螺紋的拉杆穿過支架的孔，擰緊螺母，使拉杆受到張拉，主樑偏心受壓向上拱起，達到矯正目的。這種方法容易控制主樑上拱程度，但對複雜變形不易糾正，矯正時不宜超過主樑許可應力。

(3)預應力拉張器矯正法。方法同上，只是用特製鋼絲繩張拉器，成組收緊，取代逐根拉杆張拉，簡單可靠，修復迅速。這種張拉器也可永久裝在主樑上，預防主樑下撓。

三、設備修復裝配

設計設備修復後的裝配技術流程，包括裝配順序、裝配輔助工具、精度調整和測試方法、零件對中、靜、動平衡試驗與調整方法等。

四、設備試車檢驗

設計包括試車前的準備工作、分體空負荷試驗，總體空負荷試驗、總體靜/動負荷試驗流程，以保證修復和裝配質量符合維修質量標準要求。

我們仍以橋式起重機為例來描述設備試車檢驗規範。

例：橋式起重機試車檢驗規範

1.試驗前準備

• 檢查各機構安裝是否正確，聯接處是否牢固可靠。

- 檢查鋼絲繩在捲筒上和滑輪中穿繞是否正確。
- 潤滑系統應暢通,各潤滑點應按規定加脂注油。
- 所有可以轉動機構均要用手試轉,不得有卡滯。
- 制動器應調試鬆緊適度,靈敏可靠。
- 所有安全部件和防護裝置應齊全可靠。
- 電氣線路應符合圖樣設計要求,動作準確可靠。
- 全電氣線路的絕緣電阻不小於 0.4MΩ。
- 減速箱無漏油,運轉無異常聲響。
- 金屬結構件焊縫質量全部符合技術標準。
- 將試驗用砝碼重物準備到位。

2.空負荷試車

- 分別開動各機構電動機,應能夠流暢運轉,無衝擊振動。各機構應沿各自行程往返運行 2—3 次,起升機構和運行機構運行時間均不少於 10 分,如發現異常,即停機查找原因並調整正常。
- 小車在運行時,其主動輪應在軌道全長上接觸,從動輪與軌道面的接觸在全長運行中,累計間隙不大於 2m,其間隙不大於 1mm。
- 所有電氣開關,包括吊鉤上升限位開關、大車行程終點開關、倉口蓋開關、護欄門開關及駕駛員緊急開關,均應靈敏可靠。
- 空負荷試驗合格後,方可進行靜負荷試驗。

3.靜負荷和動負荷試驗

參見相關橋式起重機維修技術標準,按照標準進行試驗和

對照檢查。

4.動剛度試驗

將小車開至跨中，起升額定負荷，讓負荷離開地面 100—200mm 處。把測振儀測頭與主樑下蓋板接觸，然後開動起升機構，至額定起升高度的 2/3 處停穩後，勻速下降，在將近地面時緊急制動，此時測振儀記錄下振動頻率。自振頻率應不小於一定閾值，如 2Hz。

五、設備移交生產驗收

設計設備移交生產的準備工作、生產試驗、精度測試、質量測試、設備性能總體評價以及驗收簽字程序。

六、設備維修操作 HSE 程序

設計與健康、安全、環境相關的維修操作規範條款，以保證維修操作中不會造成操作人員和輔助人員健康傷害，無安全事故發生，無環境污染或破壞。設計發生相應 HSE 危害時的緊急應對預案，人員緊急逃生路線和通道，緊急自救方法。通過各種培訓和視覺化管理讓所有健康、安全、環境規範深入人心，熟練掌握、透明可見、盡人皆知。

第十一章

設備的維修計畫

維修管理最重要的問題之一就是編制設備維修計畫和對整個作業計畫進行控制。設備維修計畫是企業生產經營計畫的重要組成部分,與企業編制生產、物料供應、財務等計畫密切相關。設備維修計畫包括維修作業計畫和作業進度計畫兩部分,維修作業計畫主要側重於任務安排,而作業進度計畫的目的在於落實某具體維修工作的日程進度。按計劃時間長短,維修計畫可分為年度、季度、月度和週維修計畫;按作業類別,可分為設備大修計畫,設備中修(項修)計畫,設備小修計畫、設備預防性檢查計畫、定期的設備精度檢查、調整與保養計畫等。

第一節 設備維修計畫的制定

一、設備維修計畫編制依據

設備維修計畫要根據設備的技術狀況、運行週期、生產計畫、市場銷售、技術改造、安全環保等加以綜合平衡,安排制訂檢修的內容、時間、開停工週期等。

1.各類設備維修規程和設備檢(維)修手冊的要求

頒佈的各種特殊設備安全監察制度、規程等,如鍋爐、壓力容器、起重設備、電氣設備、電梯設備等。各部門針對與安全、環保、生命等關係密切的設備,制定了一系列制度法規,

其中涉及特種設備的定期檢驗，設備改造和檢（維）修，缺陷的修復，實驗和調整等。在制訂設備維修計畫時，應將有關內容列入計畫。

2.設備維修的歷史資料

如歷次檢修的常規內容，易磨損和腐蝕部位，易變形部位等內容均是在停工檢修中需要進行檢查、檢修的工作。應該備齊所需的材料、零部件、維修工具。

3.技術設備在日常維護、定期檢查、狀態監測發現的故障和問題

在日常檢查和狀態監測中發現設備的故障，如果能及時進行維修，或在機器運行的停機間隔中進行處理，可以消除故障。如果不能及時處理，設備尚可繼續運行，將故障問題記錄在案，在做檢修計畫時，則列入計畫項目。

設備在生產長期運行中，由於精度下降、內部損壞、堵塞等原因，致使生產技術指標不正常，一定程度上影響能源消耗、原材料消耗、產品質量。需要找出故障原因，制定處理措施，列入檢修計畫。

4.安全環保要求

在生產過程中，可能發現設備及其附屬管道等存在某些影響安全或環境保護的問題，可根據安全或環境保護部門提出的項目安排在檢修計畫當中。

5.生產計畫安排

根據企業生產計畫安排，注意充分利用生產淡季安排維修計畫。

6.生產技術和設備技術改造項目

利用生產系統和裝置的停工大修的時機,同時進行生產技術改造項目、設備的技術改造項目和設備更新項目等。這些項目應當一齊列入停工大修計畫。

二、維修計畫編制工作過程

維修計畫編制工作過程主要分為以下幾步,如圖 11—1 所示。

圖 11—1　維修計畫編制作業進度計畫

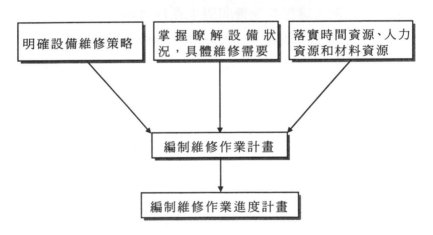

1.明確設備或部件的維修策略;

2.掌握和瞭解設備當前狀況以及具體的維修需要;

3.落實維修所需的時間資源、人力技術資源和材料資源的到位情況;

4.管理部門結合上述情況,編制維修作業計畫;

5.各實施部門和二級單位根據維修作業計畫編制維修作業
進度計畫。

三、 設備維修計畫編制審批流程

1.設備維修計畫編制的基本流程
2.計畫項目的提出

根據上述的計畫編制依據，由設備管理各部門和有關人員
提出設備維修項目，並徵集生產、技術、安全、環境保護、公
用設施等方面的各類項目，加以歸納整理，由計畫編制人員編
制草稿。

3.維修計畫的初步審查

維修項目初步確定後，應按專業技術劃分成各種類型，交
給各技術專業人員進行項目審查，如分成技術設備、轉動設備、
電氣、熱工、儀器、自控、水處理、安全、環保、生產技術等。
應研究項目的必要性、經濟性、可行性、實施方案等，必要時
進行綜合評議審查。經過專業技術審查，形成報審計劃，送交
分管經理。

4.維修計畫的審定

維修計畫修改稿編制完成後，由主管進行審定。尤其是重
大項目，應當組織各類專業技術人員討論加以確定。對確定的
重要項目要重點研究施工的進度、組織、重要的器材、施工技
術方案。

四、維修計畫中設備維修資源的利用與配置

設備維修（尤其是停工大修）的資源有：時間資源、資金資源、勞動資源、材料資源、技術資源，歸納起來爲五大資源。這些資源是設備維修準備的重要條件，在裝置和設備停工以前，需充分考慮和認真準備。

1.時間資源

設備除正常情況以外，故障停機、故障維修時間、維修準備時間等都是對設備的一種消耗。尤其是系統停工大修時，設備的檢修時間的控制對縮短大修時間非常重要。從這點來看，檢修時間的控制也是對時間資源的利用。對於大型設備，系統停工大修，做好檢修施工統籌，制訂施工網路計畫，就是要在最短的時間內，科學合理的安排施工工作。

2.技術資源

設備是科學技術的綜合成果，維修設備需要綜合各類專業技術。對於重點設備、大型設備的檢修，必須要制定施工技術方案。方案包括設備維修的內容、施工程序（拆卸程序和裝配程序）、檢修技術措施、檢修方法、技術要求、質量標準、驗收方式以及特殊技術準備、實驗等。

3.材料（零部件、器材、機具）資源

根據計畫、圖樣和任務單，準備配件、材料、施工輔助設施、各類器具、檢測試驗儀器，以及大型工程機械的預先租賃。

4.資金資源

在財務管理中，應在每月預留維修費用和預提折舊費用，在檢（維）修時使用。應按照計畫和預算，做好資金準備，並留有餘地。

5.勞動資源

勞動力與維修組織是設備維修的主要因素，對於維修任務的完成十分重要。設備維修工作通過兩種方式進行，一種是自修，即企業內部的維修部門完成維修任務。另一種是外委，即由外部專業維修機構（公司）或製造商進行。

在工業發達國家，維修服務是第三產業的重要支柱，其服務範圍早已超出維護、檢查、修理範疇，已涉及到許多專業化領域，包括設備監測、事故處理、技術改裝、策略諮詢等。服務領域涉及汽車、紡織、電子、製造等。維修服務的社會化大大降低了維修成本。

設備製造的近代概念逐漸地超出了僅僅由設備製造商向用戶交出合格的產品，現在還要求製造商提供產品的後繼服務、設備運行的維修、易磨損零件的供應。而且製造商要追蹤作為產品的設備在整個運行週期中的性能變化和衰退，提供性能控制、故障預報、維修服務。

外委維修工程對維修承接公司的選擇原則是：

• 維修服務公司的資質，即公司的營業資格、營業範圍、安全資格等。

• 施工的經歷。工程公司承接過那些工程項目，能否承擔本企業的檢修工程。

- 施工的預算。施工預算是否合理。
- 大型項目的招標按有關規定進行。

第二節　維修計畫內容

設備維修計畫內容應包含 5W2H 共七個要素：
- What：做什麼，作業內容；
- Where：什麼工廠，什麼裝置，什麼部位；
- When：何時，什麼週期，作業計畫時間；
- Who：作業者，單位，部門，責任人；
- Why：作業理由，原理，策略依據；
- How：如何進行，方法，工具，手段；
- How much，how many：做多少，作業標準，預計成本。

1.What：做什麼，作業內容

主要爲維修內容，如解體檢查並更換軸承，重新加脂潤滑，調整輥距等具體作業內容。

2.Where：什麼工廠，什麼裝置，什麼部位

主要說明作業地點：工廠、工段，作業設備編號，主要維修總成、部位，原地維修還是移位集中維修。

3.When：何時，什麼週期，作業計畫時間

這是計畫的核心內容之一，主要說明維修作業計畫週期，每次作業起止時間，允許最高停機時間，承諾時間。

4.Who：**作業者，單位，部門，責任人**

主要說明參與維修作業的實施部門，作業團隊名稱，責任人，配合部門及人員、專業。

5.Why：**作業理由，原理，策略依據**

主要描述維修作業策略依據、設備狀況理由，工作原理，便於維修人員理解和自主遵守相關規則。

6.How：**如何進行，方法，工具，手段**

這也是維修計畫實質、核心內容之一，主要描述作業方法，使用的工具、手段、技術路線。

7.How much, how many：**做多少，作業標準，預計成本**

主要描述作業標準，包括質量描述，精度水準等要求，以此保證計畫內容的完備性，同時涉及維修費用、維修材料、工時成本預算。

表 11—1 所示爲涵蓋上述 7 要素的維修計畫表示例。

表 11—1　維修計畫表

部門名稱		設備名稱				設備所在現場位置	
設備編號		維修策略作業依據					
作業週期	承諾完成時間	部位序號	作業內容	材料備件準備	工具方法手段	作業者	執行標準，質量要求規範文件
編制者		編寫時間		執行部門		計畫編號	
審批人		修改時間					

一、維修計畫的編制和執行

1.編制前的準備

在編制維修計畫系統前,首先將系統按主要生產設備分類,建立全套設備的資產目錄,按製造廠家提供的產品說明書要求和設備失效統計分析資料建立設備資訊庫,該庫包括圖樣資料庫、備件庫、維修計畫和工作說明書庫。

2.編制作業號和費用號系統

設備管理部門按系統編制預防維修作業號和作業命令單流水號,以及各單位、各工種的費用代號系統。其中作業號和費用號是實施作業和控制的關鍵數據。

3.編制預防維修作業書

設備管理部門根據維修計畫,將所有預防維修作業分類整理在事先準備的表格中,並賦予適當的預防作業號,輸入電腦中;列印全年 52 週預防維修預報表,均衡各週工作量;再用條形圖初排各週作業進度計畫,最後編制預防維修作業說明書。

4.制定並發放作業單

在保證一週作業量不超過維修資源能力的前提下,制定下一週預防維修作業匯總表和檢修作業匯總表,列印兩匯總表中各項作業的作業命令單或作業說明書,準備好必要的圖樣和資料,這些文件待企業設備維修負責人簽字後,發給廠房主管人員。

5.作業制度計畫和派工

由廠房主管人員或工長下達一週維修作業,用條形圖或其他計畫編排技術編排維修作業實際進度計畫,使用派工牌派工。工作人員按作業單要求,高質量完成各項作業,並認真填寫作業單。作業完成後,作業單經廠房主管人員(或工長)檢查、驗收後返回機動處(科)計畫組。

6.評估、反饋和數據整理歸檔

機動處(科)計畫組對反饋上來的作業命令單與記載的故障原因、作業情況和費用等資訊,以及材料庫、備件庫中的領料單中的資訊進行分析評估,整理後錄入電腦數據庫,並定期列印出各種報表。

二、 維修計畫實施控制

維修計畫實施控制主要包括維修作業控制、設備狀態控制、費用控制和維修質量控制。

1.維修作業控制

維修作業控制是通過收回的作業命令單和預防維修作業說明書進行分析,調整作業的進度計畫和派工任務而實現的,它是最重要的維修計畫控制。

2.設備狀態控制

設備狀態控制主要內容是:收集設備維修作業資訊(包括故障發生時間、故障的性質、修理性質、修理工時、備件和用料數、總停用時間等資訊);鑒別故障性質、發現故障規律、分

析故障原因。設備狀態控制的目的是：爲制定合理的設備預防維修計畫和備件購置計畫提供依據；能掌握和發現重覆性故障的規律，通過原因分析，找到問題的解決方法；能將改進設備產品質量的資訊反饋給設備製造廠家。

3.維修費用控制

維修費用控制的目的是對維修工作系統的效能進行監督。費用控制的主要方法是對維修費用進行分類，然後對維修作業命令單和預防維修作業說明書中的費用資訊進行統計和分析。

4.維修質量控制

重點包括：

(1)保證所有維修作業有規範流程和指導書；

(2)維修人員培訓，熟練掌握維修作業規範；

(3)建立維修驗收合格標準，控制關鍵質量點；

(4)嚴格執行維修質量驗收合格證制度。

第三節　設備維修的工程管理

一、設備維修現場的 6S 管理

（一）維修現場的 6S 管理

維修現場的 6S 管理是 6S 管理的具體應用，對於設備檢修的效率、安全、質量、節約影響很大。

1.整理

地面上：清除所有雜物、無關物品。

檢修工裝設施、零部件台架、工具、輔助材料。

牆壁上：標牌、掛架。

每次檢修完畢後的整理：廢料、廢液、廢布。

檢修完工後將所有檢修工具、器材整理運走。

2.整頓

所有檢修工具、零部件、輔助物品定位、定量擺放整齊，明確標識。並按最短距離原則、流程化原則和綜合原則進行流程化佈置。特別是將新舊零件分開擺放，零件按組裝程序（位置、方向）擺放。吊裝總成或整機應注意防止碰損，使用防護吊帶或墊板。

3.清掃

檢（維）修中的隨時清掃；每次檢（維）修後的清掃。達到無灰塵、垃圾、油污、雜物、散亂零件。檢（維）修完畢後將設備及週圍清掃乾淨。

4.清潔

「整理」、「整頓」、「清掃」是動作，「清潔」是結果。而且清潔的保持更爲重要，檢（維）修現場人員多，灰塵大，爲防止灰塵和雜物的混入，零部件應放置於台架之上或地面上墊上帆布或膠布，零部件和油脂桶上面蓋上帆布或膠布；解體設備上機蓋扣放，下機蓋應蓋有帆布。

5.安全

主要包括：排空、置換、吹掃、通風；設備的拆卸和安全

隔離;安全出入程序和工作防護等。人員出入設備、管道內的提示和登記;施工中的電閘安全連鎖和警示;安全逃生預案。

6. 素養

培養員工按規定作業,形成習慣。使員工養成良好的習慣,具有很高的職業道德,是 6S 的終極目的,需要長期的培養教育,潛移默化,逐漸形成。

(二) 目視管理/圖示管理

通過檢修程序圖、施工網路圖、錯誤防止及安全注意提示對施工現場進行管理;通過劃線定位,將檢修區域、人行通道、車輛通道、零部件擺放區域等以色帶標出,使現場更清爽,有利於施工安全、效率和質量。

二、 設備維修的資訊管理

主要包括:

1.建立電腦管理維修計畫和作業指導體系;

2.建立維修記錄制度,記錄每次維修主要步驟,設備解體檢查實況,損壞狀況,備件更換及維修調整狀況,納入嚴格的知識資產管理;

3.定時研究維修記錄,補充、修改、完善維修規範。

第十二章

維修預算

第一節　維修費用的計畫

編制好維修費用計畫是加強維修費用管理的首要環節。

一、維修費用計畫的編制

計畫的科學性是正確編制和實施計畫的關鍵，爲此，維修費用計畫的編制應考慮以下幾個方面：

1.在確保設備有良好的技術性能及提高設備利用率的基礎上編制；

2.在提高維修質量和工作效率的基礎上編制；

3.在選用先進技術和使用技術的基礎上編制。

維修費用包括大修理費用和日常維修費用。大修理費用計畫是企業主要設備大修理計畫的重要組成部分，是每一大修理項目施工中採用的技術組織措施、勞動效率、材料物資利用的綜合表現。應在經濟活動分析基礎上，根據先進的技術經濟定額，編制大修理費用計畫並進行經濟費用核算。日常維修費用是與設備日常維護檢修有關的一切費用。這些費用包括材料費、勞務費等，是一種生產性消耗，這些費用應由設備管理部門與財會部門進行指標分解，實行分級歸口管理，做到有計劃、有限額，並逐月進行核算。

維修費用的計畫，應根據設備的具體情況，所需修理工時

定額資料及零件更換清單，使每一個複雜係數費用指標既保持一定先進性又較可行，使全廠的維修費用（包括大修、日常維修）年平均值控制在設備原值的 3%左右。

損壞或磨損嚴重的設備，應單台進行費用預算，經過預算，預算修理費超過購置原值 50%以上者，應考慮設備更新。

二、 維修費用預算的制定

企業對維修費用的預算是採用企業計畫值的管理程序，管理部門與實施部門分別制定，通過雙方聯席會議的形式，分析、研討和調整相結合，取得一致意見，然後貫徹執行，力爭做到維修費用按計劃值管理，即不超出也不結餘。

制定維修費用預算所採取的原則是：

- 企業按公司經營總方針和年度的全面預算，確定本年度維修費用總資源（框架）。

- 按照產品銷售合約的多少，來確定分配給各條主作業線設備維修費用的多少。

- 在實施過程中，按季、按月不斷地對實績進行跟蹤，不斷地修正、調整，確保順利達成。

確定維修費用的方法是兩分兩合的過程，公司與部門根據各自掌握的情況和數據分別進行預算，然後合起來再進行調整；計畫與實際根據各自實施的情況和數據分別收集資料，然後合起來再進行修正；最後再與上述總資源（框架）來平衡，做到上下一致，作為共同的目標，列入計畫值體系。

1.企業、公司的計畫財務部門,進行「維修費用的目標預算」

根據公司經營總方針:要考慮到企業的戰略目標和中長期的發展規劃及本年度的經營指標;編制的原則:在公司經營總方針指導下,本年度企業計畫編制的重點和確保對象;生產計畫:按照產品銷售合約的多少,來確定各條主作業線設備綜合效率的高低;生產、維修成本指標:參照企業歷年來的全面預算和生產、維修的標準成本;可以通過資訊及對標(標杆)管理,與國內外同類型的先進企業和指標進行參考。

在此基礎上,從企業的決策管理部門的角度,提出本年度維修費用的目標預算。

2.企業、公司的設備管理部門,進行「維修費用的預算草案」

根據編制部門的方針:要考慮設備的維修模式、點檢和狀態監測的統計概率、本年度要確保的主作業線的現狀、維修人員的能力以及維修資材庫存和到貨的情況;本年度維修工程計畫:按照上述要求和點檢的週期管理表來預測重大維修工程的項目;上年度維修工[程的實績:主要參照工程的項目、規模、維修過程效率和主要的績效;對維修費用的要求:[主要考慮和對比物價指數、人力資源和市場價位對維修費用的影響;維修費用實績記錄:包括維修費即 MH 值(人員數×工時數)和資材費(維修材料費+備品配件費)的對比,觀察使用有無變化,維修效率有無變動,設備綜合效率的升降等情況對維修費用的影響。

3.按規定的時間，雙方做完了「維修費用的目標預算」和「維修費用的預算草案」後，即可安排雙方聯席會議，可以邀請設備技術方面相關的工程師、重點設備相關的檢修專家共同參與，分析、研討雙方的觀點，肯定雙方合理的一面，有爭議的項目可以記錄在案，不必取得一致，以此來進行調整，以取得數值上的相近或一致。

4.總的維修費用初步確定後，再與總資源（框架）來平衡，做到上下一致，作為共同的目標，列入計畫值體系。一般的情況總是上緊下鬆，基本上能滿足各維修部門的需要。

5.最後確定的各部門確認的「維修費用預算」數值，就像給你一個「籠子」，各主作業線的設備管理組（即各主作業線設備的點檢組）就在這個「籠子」裏作文章，按照點檢和狀態監測的結果，分門別類、按輕重緩急，列出維修項目，同時列出維修資材的購入計畫，安排好「籠子」裏的費用，提高設備綜合效率，確保本年度產品的安全生產和各項作業任務的完成。

6.列出的項目可以委託設備維修部門進行檢修，檢修的人員在檢修前必須做好維修項目的「工時工序表」，檢修結束必須做好維修工程的實績記錄，填寫專用的「維修工程記錄表」，並交給點檢組，待到月末點檢組匯總「月維修費用實績」。

維修預算並不是維修支出，對那些能夠節約支出，節省預算又能保證設備良好運行狀態的組織，企業應給予獎勵，以推動一個良性循環。

第二節　設備維修費用的管理

　　企業根據不同情況，由設備部門和財務部門對全廠維修費用進行指標分解，對各廠房、部門實行限額控制，做到有獎有罰。各廠房的維修費用由廠房機械員具體掌握和使用，廠房內部可按維修區域分配一定的數額，而廠房留下一定數額作爲應急和較多費用調換件使用。具體管理方法有：

　　1.費用限額卡：見表 12—1。

表 12—1　維修費用限額卡

_____廠房

加　　　節餘_____

本月限額_____　上月　　　　　　本月實際可用_____元

減　　　超支_____

月	日	憑證	摘要	支用金額	限額結餘	經辦人

主管：　　　　　　　　　　　　　　經辦人：

當費用發生時，逐筆登記，隨時結出餘額，定期結算。

2.維修費用結轉單： 見表 12—2。

表 12—2　維修費用轉帳單

轉入廠房_____轉出廠房_____時間____年____月____日

派工號	產品名稱	圖號及規格	單位	數量	工時	原材料	外購成品	工資	廠房經費	合計

廠房主任_____經管組長_____制單_____

　　當廠房領用材料或備品配件等物資時，部門之間勞務協作時都填寫此表，最後通過企業內部財務部門進行費用結算。

3.維修費用的統計核算

　　廠房應進行單項維修費用的核算，例如小修費用的核算，以加強對維修工人的考核。同時，還要進行單機維修費用的統計核算，即把每一台設備在一定的時間內消耗的維修費用進行累計，可以綜合評價設備的可靠性、維修性，從而評價其效益，為改善維修管理、降低維修費用提供資料。

4.設備維修費用定額

　　設備維修費用定額是為完成設備維修工作所規定的費用標準，也是考核維修工作好壞的標準之一。它分為維護費用定額和修理費用定額兩大內容。

　　(1)維護費用定額是指每一個 F 每班每月維護設備所需耗用的費用標準。單位為（元／（F×每班每月））。

表 12—3 各類設備主要材料消耗定額（kg/F）

設備類別	修理類別	一個修理複雜係數主要材料消耗定額							
		鑄鐵	鑄鋼	耐磨鑄鐵	碳素鋼	合金鋼	鍛鋼	型鋼	有色金屬
金屬切削機床	大修	12	0.25	1	13.5	6.6			1.6
	項修	7	0.2	0.3	8	3		0.5	1
	定期檢查	1	0.05	0.1	2	1			0.5
鍛造設備、汽錘、剪床、摩擦壓力機	大修	11	15		12		30		4
	項修	5	3		4		7		2
	定期檢查	2			2				0.4
壓力機、液壓機	大修	19	30		17		40		8
	項修	10	7		8		10		4
	定期檢查	4			3				0.8
木工機床	大修	5			8			2	0.7
	項修	2			4.5			1	0.5
	定期檢查	0.5			1				0.2
起重設備、運輸設備	大修	6.5	7		10		3	40	2
	項修	2.5	4		4			20	1
	定期檢查	0.7	1		1.5			8	0.4
鑄造設備	大修	40	15		11				0.3
	項修	15	6		5				0.3
	定期檢查	5	2		2				0.1
空壓機	大修	3 2			鋼材 8				鑄件 2
	項修	1			鋼材 4				鑄件 1.5
	定期檢查				鋼材 1.5				鑄件 0.5

(2)修理費用定額是指每一個 F 進行某種修理所需耗用的費用標準。單位爲元/F。成本結算對於二級保養應包括：維修工人的工資及附加費、材料費（包括備品配件費、自製備件一次攤銷費），其他部門協作勞務支出。項修和大修費用除了上述項目外，還包括廠房經費。

設備修理材料消耗定額是指完成設備修理所規定的材料消耗標準，包括修理用的各類金屬和非金屬材料的消耗定額。按設備類別不同，以耗用材料的重量計算，單位爲 kC/F。

隨著設備的技術進步，大型、專用、自動化、多子系統。流程設備越來越多。這使得維修複雜係數計算變得越來越困難，也越來越不易準確。因此，對維修工作量的評價變得十分困難，這也是當今需要研究的新課題。

第三節　降低維修費用的主要途徑

1.提高勞動生產率，及時修訂工時定額

這一方面可以降低工資費用，另一方面又可以縮短停修時間。就目前來看，工資約佔大修理費用的 40%左右。

2.節約材料物資的消耗，及時修訂費用定額

節約材料物資消耗的途徑是多方面的，從採購、運輸、儲備、使用等每個環節，都具有節約的可能性。及時修訂費用定額，使之處於先進合理的水準，對於約束和控制維修費用是至關重要的。

3.加強設備的前期管理，提高決策水準

購進或自製設備符合質量要求，是減少後期運行費用和維修費用的重要環節，決不可單純追求節省設置費而忽視後期出現的維修費用的增加。

4.提高修理和技術改造質量，減少日常維護保養費用

提高設備修理和改造質量，不僅可以減少大量的維護保養費用，而且還可以減少故障停機損失和降低生產產品的廢品損失。

5.加強日常維護保養

精心操作，加強日常維護保養，避免非正常磨損的意外事故，延長使用壽命和大修理週期，是節省維修費用的重要措施。

6.提高設備維修的經營管理水準

節省非生產費用開支，降低固定成本，提高設備的利用率和負荷率，降低單位產品成本，對節省維修費用都有很大影響。

7.維修資源的科學配置

設備維修資源歸納起來包括有五大資源：時間資源、資金資源、勞動資源、材料資源和技術資源。合理科學地配置這些資源，使各種資源的利用達到最優的結合，是降低總體維修費用重要舉措。

第十三章

自主維修體系

第一節　什麼是自主維修體系

TPM 管理推進的核心內容是建立自主維修體系。自主維修體系是以生產現場操作人員爲主，對於設備按照人的感官（聽、觸、嗅、視、味）來進行檢查，並對加油、緊固等維修技能加以訓練，使之能對小故障進行修理。通過不斷的培訓和學習使現場操作人員逐漸熟悉瞭解設備構造和性能，不但會正確操作，而且會保養，會診斷故障，會處理小故障。自主維修體系關鍵在於真正做到「自主」，使現場設備的保養、維護和維修成爲操作工人的自覺行爲。

第二節　自主維修活動的前期準備

一、自主維修從觀念開始

自主維修牽涉到人的觀念、人的技術和人的追求三個要素，其概念如圖 13—1 所示。

圖 13—1　自主維修觀念

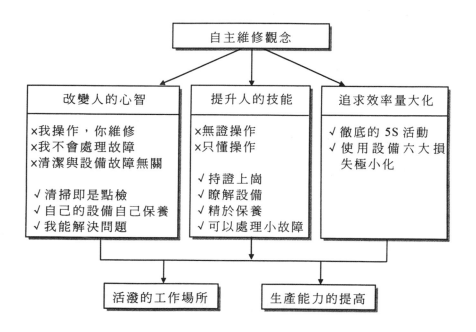

二、 自主維修活動的準備

　　首先要做的就是要讓全體員工瞭解自主維修的意義。結合大、小會議宣傳自主維修的新觀念。自主維修不但可以改變設備狀況，還可以使人的自我成就感、自信心增強，使操作、檢修不同工種人員更加和諧，創造出團結、良好的工作氣氛。

　　緊接著是制訂計畫，制訂自主維修活動的推進計畫包含以下主要內容：

　　1.安全：執行初期清掃可能會發生的受傷、事故（觸電、

空氣殘壓、洗劑腐蝕、塵埃入眼、墜落砸傷……）等預測，並
對不安全因素進行警示和採取預防對策。

2.人爲劣化意識的教育：對爲什麼會發生人爲劣化的原
因，造成的損失及防止人爲劣化方法進行教育，以便在自主維
修中避免，減少人爲劣化事件。

3.瞭解設備：通過設備簡圖繪製、學習設備構造機理及出
現塵汙、斷油、鬆動所造成的不良影響的教育，使員工對設備
有更深入的瞭解。

4.技術準備：包括清掃工具和方法，加油潤滑「五定」基
本知識、螺釘緊固工具及其方法指導。

第三節　自主維修的活動展開

1.自主維修第一步——初期清掃

初期清掃也是清潔點檢的開始。清掃雖然聽起來是小事，
但做起來也要認真地對待，也要像對待任何大事那樣認真。初
始清掃是以設備爲主體、爲中心的垃圾、塵土和污染的徹底清
除。其目的是：

・防止人爲劣化。

・通過清掃找出潛在故障缺陷，使之顯在化並及時得到處
　置。

初期清掃也是清潔點檢的開始，清掃是可以發現缺陷或故
障隱患的，因而不是可做可不做的小事，這一項必須要進行，

而且是經常性的。清掃中應注意以下幾點：

- 操作人員自己動手而不是請清潔工代替。
- 確實清除長年堆積的灰塵、污垢，恢復設備本來面貌。
- 徹底清掃每一個部位，不留死角。
- 不僅設備本身，連帶其附屬、輔助設施也要清掃（如油槽、水箱）。
- 即使清掃後又會馬上弄髒，也不能因此而放棄清掃。反過來，要分析經過多久、何處、為什麼又弄髒，找出污染源。
- 先從重點示範機台做起，徹底清掃，樹立榜樣。
- 確保清掃中的安全（防火、防觸電、防工傷等）。

清掃中點檢的重點：

- 選擇與設備故障缺陷相關的部位和問題為著眼點（鬆動、振動、發熱部位等）。
- 選擇可以用人的「五感」感知到、分辨出的部位。
- 檢查這些部位的清掃、加油、點檢、操作、調整、緊固等工作是否容易進行，安全裝置是否不良，為採取對策提供依據。
- 各種測量儀錶、標誌是否正常、準確；
- 對易於發生跑、冒、滴、漏的部位及原因的追查。
- 導油、導氣管、空氣壓縮傳遞機，不易發現、看不到內部的部分要小心留意其工作的異常。

2.自主維修的第二步──技術對策與攻關

技術對策與攻關，首先要解決清掃、清潔中的障礙，即難

於清掃的部位和易於污染的部位。對於難於清潔的部位，要設計相應的清潔工具和想辦法解決；對於易於污染上灰塵、廢料、油污的部位，要設計製作一些防護罩，以期徹底解決問題，減少這些部位的清潔時間。每個工廠應該對自己工作區域的環境負責，但一些清掃、清潔中的難題，維修技術人員應協助廠房予以解決。

除了清掃、清潔中的問題，技術對策與攻關還要解決以下問題：

- 被忽略的設施；
- 斷開的水、油、氣管；
- 丟失的、不見的螺釘、螺母；
- 汽、氣的洩漏；
- 需要清理的氣液過濾裝置；
- 堵塞的管道；
- 油壓、液壓、液體的洩漏；
- 難以讀數的儀錶、測試裝置；
- 泵或壓縮機的異常雜訊；
- 短缺、不健全的安全防護裝置。

以上的情況不只發生在舊的設備現場，即使是新設備也可能發生，如果不能夠及時發現，及時解決，就會釀成大問題。

3.自主維修的第三步——自主維修臨時基準、規範的編制

在步驟一、二中，操作者已清楚了設備應該保持的基本狀況。TPM 小組下一步要制定快速和有效進行基礎保養和防止劣化的措施，如清潔、潤滑、緊固的標準和規範。顯然，能夠分

配給清潔、潤滑、緊固及點檢的時間是有限的。組長應給操作者一個合理的目標時間。例如，設備運行前與後的 10min，週末 30min，月底 1h 等等。如果限定時間這些工作不能完成，他們就要設法改進清潔、潤滑、緊固操作方式，如在組長、技術人員幫助下的目視化改善措施的採用等。

清潔、潤滑選點之後，還要制定具體的規範，其中包括標準、方法、工具、週期等內容。

4.自主維修的第四步——總點檢

通過自主維修的第一步到第二步，就可以以清潔、潤滑、緊固的方式來防止設備劣化，使設備保持其基本狀態。第四步，是通過總點檢來度量設備的劣化。

開始，TPM 小組長要進行點檢程序的培訓，培訓教材是維修主管編制的總點檢手冊。隨後，這些小組長再把這些點檢知識傳達給小組成員。攻關小組成員對總點檢中發現的問題制定技術對策。在維修技術人員的幫助下，由 TPM 小組執行對策，改善劣化部位。

總點檢內容的培訓是非常重要的環節，要認真進行。

總點檢的過程一般要持續較長時間，因為這也是操作工人檢查異常能力的訓練過程，是培養優秀工人的最好方式。因此，這一過程不可操之過急。只有全體工人都獲得點檢的技能，才會真正產生效果。

一般而言，自主維修的前三個步驟是為了恢復設備的基本狀況，所以不會產生明顯的成效。在第四步結束之前，企業應會有較明顯的改觀，如故障大大減少，設備綜合效率的大幅度

提高。此時如果仍沒有明顯的改善，說明早先幾個階段，沒有讓操作工人掌握好相關的技能,因爲技能的訓練是成敗的關鍵。

5.自主維修的第五步——自主點檢

到了這一階段，操作工人可以依照從第一到第三步建立起來的檢查標準評價維修活動與設定的目標和結構有何差異，採取措施縮小這一差距。

當操作人員經過培訓教育已經徹底掌握了總體點檢的內容之後，維修部門也要制定自己的年維修計畫時間表，準備自己的維修標準。廠房小組建立的標準、規範與維修部門建立的標準應該進行對比，改正失誤，補充不足，消除重疊。廠房小組與維修人員兩部分的責任應明確定義，這樣完全的點檢可以在不同範圍內合理的分工完成。

6.自主維修的第六步——通過整理、整頓步入標準化

整理，即識別應該加以管理的工作場所，並制定相應的標準，這也是部門經理和廠房主管的任務，其目標是減少和簡化需要管理的內容。堅持整頓或整潔，就是要堅持執行已經建立起來的標準，主要由操作人員來實現。

整理和整頓是爲推動企業簡化管理，組織有序的堅持標準的改進活動，標準化、規範化和目視化要在企業貫徹始終。

從步驟一到五，TPM 自主維修活動重點放到檢查和設備狀況（清潔、潤滑、緊固）的維護上，但操作者的責任應該比這些更廣泛更深入。

在第六步，生產主管和經理通過明確操作者責任，評價其作用，來推進自主維修。他們要致力於擴大與設備相關活動的

範疇，思考如何提高操作者的技能，減少故障損失，**讓操作者**具備更多的技能和責任，如：

- 正確操作和調整（初始調整，檢測產品質量）；
- 異常狀態的檢查處理；
- 記錄運行、質量和加工狀態數據；
- 設備、模具、夾具和工具的小修。

表 13—2 給出了整理和整頓的標準之例，其中步驟六被細分為六個子步驟，並加以細緻說明。

表 13—2　自主維修中的整理、整頓標準

項目	要素
操作者責任	賦予操作者責任的標準，要堅持執行（包括**記錄數據**）
工作	推進有組織有序的工作程序和工作進程，**目視控制**，如產品、缺陷、廢料及消耗品等
模具、夾具和工具	通過目視控制，使模具、夾具和工具擺放有序，**易於尋找**，建立精度和維修標準
測量儀錶和防失誤設施	保管好測量儀錶和防失誤設施，並保持其功能正常；**檢查和改進劣化**，建立檢查標準
設備精度	操作者必須依照標準化程序檢查設備精度（因其**會影響質量**）
異常的處理和操作	建立和監視運行、安裝/調整、加工狀況；**質量檢查標準化**，改善解決問題技能

7.自主維修的第七步——自主管理的深入

在生產主管的領導下，通過從第一到第六步的小組活動，工人們逐漸變得更自覺更有能力。最後，他們應成為獨立的、有技能的、充滿自信的工人，能夠自主監督自己的工作，不**斷**

地改進工作。在這個階段，小組活動應集中在減少六大損失，集中在每個廠房由項目工作小組樹立樣板機台的工作上。自主維修進入自主管理的新階段。

　　TPM 工作推進委員會的任務，應不斷地提出更高目標，要支援和表彰工作出色的機台，使自主維修活動深入人心，融入每個人的活動之中，堅持下去，成為操作工人的行為規範和自覺行動。使新入廠的工人能明顯感受到生產現場的優秀工作作風，受到教育和薰陶。他們能夠在老工人的帶領下，逐漸養成良好的工作作風和行為規範。

圖 13—2　自主管理的深入

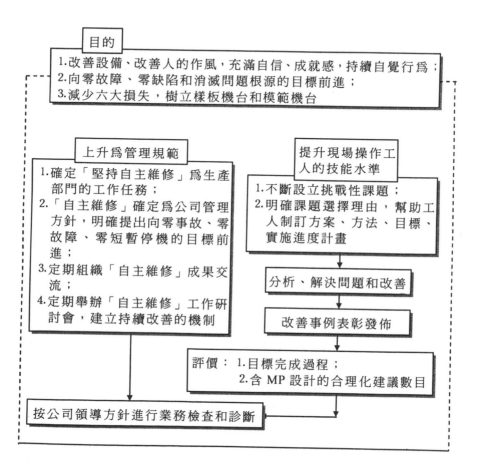

目的
1. 改善設備、改善人的作風，充滿自信、成就感，持續自覺行為；
2. 向零故障、零缺陷和消滅問題根源的目標前進；
3. 減少六大損失，樹立樣板機台和模範機台

上升為管理規範
1. 確定「堅持自主維修」為生產部門的工作任務；
2. 「自主維修」確定為公司管理方針，明確提出向零事故、零故障、零短暫停機的目標前進；
3. 定期組織「自主維修」成果交流；
4. 定期舉辦「自主維修」工作研討會，建立持續改善的機制

提升現場操作工人的技能水準
1. 不斷設立挑戰性課題；
2. 明確課題選擇理由，幫助工人制訂方案、方法、目標、實施進度計畫

分析、解決問題和改善

改善事例表彰發佈

評價：　1.目標完成過程；
　　　　2.含 MP 設計的合理化建議數目

按公司領導方針進行業務檢查和診斷

315

第十四章

設備安全與事故管理

第一節　設備事故的分類

　　企業生產設備因非正常損壞造成停產或效能降低，停機時間和損失超過規定限額爲設備事故。企業可根據設備事故的安全法規和本企業的安全制度，制訂本企業的設備事故的管理辦法。

　　事故的分類一般採取以下幾種方法：

　1.按設備事故造成的損失分類

　・一般設備事故——損失價值 500—10000 元。

　・重大設備事故——損失價值 1 萬元以上。

　・特大設備事故——損失價值 50 萬元以上。

　　這裏只列舉了事故分類的損失價值範圍，因爲各個部門、各個行業規定的損失價值相差很大，如電子工業與鋼鐵工業規定的損失價值就十分不同。各企業可根據安全部門的法規和參照相關的行業標準加以規定。

　2.按設備事故的責任分類

　・責任事故——凡屬個人原因，例如違反操作規程和安全法規、擅離工作崗位、修理維護不良等原因，致使設備損壞、生產停頓，稱之爲責任事故。

　・質量事故——因設備設計、製造、安裝、更換零配件或檢修等原因造成的設備事故。

　・自然事故——由於自然災害等不可抗拒的原因而造成的

設備事故。

　　設備事故的分類只是一般原則，只有經過對事故的認真的調查分析才能確定事故的損失價值和原因與責任。

第二節　設備事故的分析

1.事故分析的基本程序

- 事故發生後應保護事故現場，對設備損壞部位應進行詳細記錄、拍照或攝像。
- 及時組織安全、生產、專業技術人員察看事故現場，搜集操作記錄和有關數據，調查當事人員，瞭解事故發生前後的現場實際狀況。
- 拆卸損壞設備，對發生事故部位的零配件應保留損壞部分的原貌，對重要破壞斷口採取保護措施，以便日後進行斷口失效分析。
- 調查人員（必要時成立調查小組）根據實際情況、各種分析結果和專業技術人員的分析意見，加以研究或召開分析會議，得出正確結論。

2.事故善後

　　事故調查完畢後，及時清理事故現場，安排搶修，同時做好安全措施，防止再次發生事故。

三、 設備事故的處理

發生事故之後，首先應該組成由現場主管負責的現場處理小組，對事故現場進行調研，根據現場實際採取臨時措施，這些臨時措施既不應破壞可作為分析依據的現場實況，又應防止事故擴大或者後果延伸。事故後處理的一般程序如下：

1.事故上報：發生設備事故的單位，按安全部門的規定和企業的安全管理制度應將事故及時準確的上報，並如實填寫事故報告單。

2.根據事故分析結論，應採取相應措施，防止事故的重覆發生。必要時修改相應的技術規範、操作規程、安全管理制度等。

3.對事故的責任人，依據事故損失程度、責任大小作出處罰。

4.事故的分析、現場搜集的資料、事故報告等要整理歸人資訊檔案。

第三節　設備安全管理規範與流程

1.特種設備強制檢修規範

特種設備是指涉及生命安全，危險性較大的鍋爐、壓力容器（含氣瓶）、壓力管道、電梯、起重機械、客運索道、大型遊

樂設施等。

《特種設備安全監察條例》規定：特種設備使用單位應當按照安全技術規範的定期檢驗要求，在安全檢驗合格有效期屆滿前 15 日向特種設備檢驗檢測機構提出定期檢驗要求。未經定期檢驗或者檢驗不合格的特種設備，不得繼續使用。

2.企業安全管理流程

企業安全管理中涉及以下主要環節：

• 動火、動電、停電（斷電）、停電（帶電）作業；

• 外部施工部門進廠施工安全協議；

• 安全防護著裝規定；

• 安全審批流程。

企業可以在日常工作流程中或設備管理資訊系統的維修工單生成過程中，啟動安全審核程序，確保維修安全。

在設備維修管理中主動導入維修安全管理，對維修物料、安全標記、安全隔離、安全施工步驟等進行管理，可以取得非常積極的效果。

3.警示報告制度

設備安全管理的基礎是消除生產現場和環境中的各類危險源。危險源的消除可通過對現場環境的分析，找出不合理的環境要素，再通過重新佈局、環境改造、再設計、改建、加裝防護設施、現場定置化管理等方式解決；運行危險源要通過對設備設計加裝防護、報警裝置，通過強化對員工的安全防護、勞動保護和培訓，或通過對設備技術的再設計和改進來根本解決；人為操作危險源通過操作規範訓練和嚴格管理，通過糾錯、

防錯程序設計，通過視覺化的作業提示來減少和避免。

消除意外的重要方式就是「小題大做」和「大驚小怪」。為此，企業創造了「警示報告」這種模式。所謂的「警示報告」，就是當員工發現任何產品質量、設備故障及安全防護隱患時，及時填寫一個警示報告（也稱驚嚇報告），報告給現場管理者和主管。這一警示報告的作用如同放大鏡或顯微鏡，把一些易於被忽視的問題揭示出來，引起警惕、採取措施，以防演變成重大的問題。這種警示報告的模式可依企業生產方式、管理方式不同而不同。

警示報告要及時地被匯總、歸納、統計，並採取措施對可能造成的問題加以防止。管理者要對警示報告的撰寫人給予熱情的鼓勵和支持，對於有意義、有價值的報告給予獎勵。警示報告制度的規範化管理對減少意外、防止重大問題的發生，具有重要的意義。企業警示報告管理體系如圖 14—1 所示。

圖 14—1 警示報告管理流程

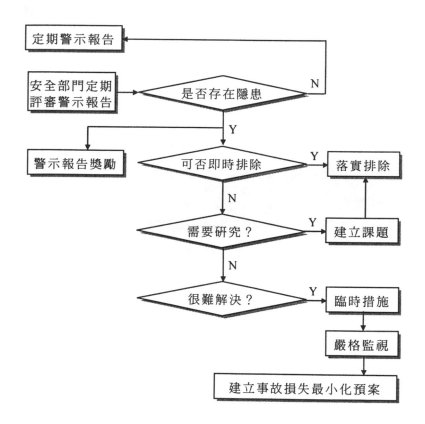

圖書出版目錄

郵局劃撥號碼：18410591　　　郵局劃撥戶名：憲業企管顧問公司

───────── 經營顧問叢書 ─────────

4	目標管理實務	320 元		27	速食連鎖大王麥當勞	360 元
5	行銷診斷與改善	360 元		30	決戰終端促銷管理實務	360 元
6	促銷高手	360 元		31	銷售通路管理實務	360 元
7	行銷高手	360 元		32	企業併購技巧	360 元
8	海爾的經營策略	320 元		33	新產品上市行銷案例	360 元
9	行銷顧問師精華輯	360 元		35	店員操作手冊	360 元
10	推銷技巧實務	360 元		37	如何解決銷售管道衝突	360 元
11	企業收款高手	360 元		38	售後服務與抱怨處理	360 元
12	營業經理行動手冊	360 元		40	培訓遊戲手冊	360 元
13	營業管理高手（上）	一套		41	速食店操作手冊	360 元
14	營業管理高手（下）	500 元		42	店長操作手冊	360 元
16	中國企業大勝敗	360 元		43	總經理行動手冊	360 元
18	聯想電腦風雲錄	360 元		44	連鎖店操作手冊	360 元
19	中國企業大競爭	360 元		45	業務如何經營轄區市場	360 元
21	搶灘中國	360 元		46	營業部門管理手冊	360 元
22	營業管理的疑難雜症	360 元		47	營業部門推銷技巧	390 元
23	高績效主管行動手冊	360 元		48	餐飲業操作手冊	390 元
24	店長的促銷技巧	360 元		49	細節才能決定成敗	360 元
25	王永慶的經營管理	360 元		50	經銷商手冊	360 元
26	松下幸之助經營技巧	360 元		52	堅持一定成功	360 元

54	店員販賣技巧	360 元	78	財務經理手冊	360 元
55	開店創業手冊	360 元	79	財務診斷技巧	360 元
56	對準目標	360 元	80	內部控制實務	360 元
57	客戶管理實務	360 元	81	行銷管理制度化	360 元
58	大客戶行銷戰略	360 元	82	財務管理制度化	360 元
59	業務部門培訓遊戲	380 元	83	人事管理制度化	360 元
60	寶潔品牌操作手冊	360 元	84	總務管理制度化	360 元
61	傳銷成功技巧	360 元	85	生產管理制度化	360 元
62	如何快速建立傳銷團隊	360 元	86	企劃管理制度化	360 元
63	如何開設網路商店	360 元	87	電話行銷倍增財富	360 元
64	企業培訓技巧	360 元	88	電話推銷培訓教材	360 元
65	企業培訓講師手冊	360 元	89	服飾店經營技巧	360 元
66	部門主管手冊	360 元	90	授權技巧	360 元
67	傳銷分享會	360 元	91	汽車販賣技巧大公開	360 元
68	部門主管培訓遊戲	360 元	92	督促員工注重細節	360 元
69	如何提高主管執行力	360 元	93	企業培訓遊戲大全	360 元
70	賣場管理	360 元	94	人事經理操作手冊	360 元
71	促銷管理（第四版）	360 元	95	如何架設連鎖總部	360 元
72	傳銷致富	360 元	96	商品如何舖貨	360 元
73	領導人才培訓遊戲	360 元	97	企業收款管理	360 元
74	如何編制部門年度預算	360 元	100	幹部決定執行力	360 元
75	團隊合作培訓遊戲	360 元	101	店長如何提升業績	360 元
76	如何打造企業贏利模式	360 元	102	新版連鎖店操作手冊	360 元
77	財務查帳技巧	360 元	103	新版店長操作手冊	360 元

104	如何成為專業培訓師	360元		------ 《企業傳記叢書》 ------		
105	培訓經理操作手冊	360元	1	零售巨人沃爾瑪	360元
106	提升領導力培訓遊戲	360元	2	大型企業失敗啓示錄	360元
107	業務員經營轄區市場	360元	3	企業併購始祖洛克菲勒	360元
108	售後服務手冊	360元	4	透視戴爾經營技巧	360元
109	傳銷培訓課程	360元	5	亞馬遜網路書店傳奇	360元
110	〈新版〉傳銷成功技巧	360元	6	動物智慧的企業競爭啓示	320元
111	快速建立傳銷團隊	360元			
112	員工招聘技巧	360元	7	CEO拯救企業	360元
113	員工績效考核技巧	360元	8	世界首富　宜家王國	360元
114	職位分析與工作設計	360元	9	航空巨人波音傳奇	360元
115	如何辭退員工	900元	10	媒體併購大亨	
116	新產品開發與銷售	400元		------ 《商店叢書》 ------		
117	如何成為傳銷領袖	360元	1	速食店操作手冊	360元
118	如何運作傳銷分享會	360元	4	餐飲業操作手冊	390元
119	〈新版〉店員操作手冊	360元	5	店員販賣技巧	360元
120	店員推銷技巧	360元	6	開店創業手冊	360元
121	小本開店術	360元	8	如何開設網路商店	360元
122	熱愛工作	360元	9	店長如何提升業績	360元
123	如何架設拍賣網站	360元	10	賣場管理	360元
124	客戶無法拒絕的成交技巧	360元	11	連鎖業物流中心實務	360元
125	部門經營計畫工作		12	餐飲業標準化手冊	360元
			13	服飾店經營技巧	360元
			14	如何架設連鎖總部	360元

15	〈新版〉連鎖店操作手冊	360元
16	〈新版〉店長操作手冊	360元
17	〈新版〉店員操作手冊	360元
18	店員推銷技巧	360元
19	小本開店術	360元

《工廠叢書》

1	生產作業標準流程	380元
2	生產主管操作手冊	380元
3	目視管理操作技巧	380元
4	物料管理操作實務	380元
5	品質管理標準流程	380元
6	企業管理標準化教材	380元
7	如何推動 5S 管理	380元
8	庫存管理實務	380元
9	ISO 9000 管理實戰案例	380元
10	生產管理制度化	360元
11	ISO 認證必備手冊	380元
12	生產設備管理	380元
13	品管員操作手冊	380元
14	生產現場主管實務	380元
15	工廠設備維護手冊	380元
16	品管圈活動指南	380元
17	品管圈推動實務	
18	工廠流程管理	
19	生產現場改善技巧	

《傳銷叢書》

4	傳銷致富	360元
5	傳銷培訓課程	360元
6	〈新版〉傳銷成功技巧	360元
7	快速建立傳銷團隊	360元
8	如何成為傳銷領袖	360元
9	如何運作傳銷分享會	360元

《培訓叢書》

1	業務部門培訓遊戲	380元
2	部門主管培訓遊戲	360元
3	團隊合作培訓遊戲	360元
4	領導人才培訓遊戲	360元
5	企業培訓遊戲大全	360元
6	如何成為專業培訓師	360元
7	培訓經理操作手冊	360元
8	提升領導力培訓遊戲	360元

《財務管理叢書》

1	如何編制部門年度預算	360 元
2	財務查帳技巧	360 元
3	財務經理手冊	360 元
4	財務診斷技巧	360 元
5	內部控制實務	360 元
6	財務管理制度化	360 元

《企業制度叢書》

1	行銷管理制度化	360 元
2	財務管理制度化	360 元
3	人事管理制度化	360 元
4	總務管理制度化	360 元
5	生產管理制度化	360 元
6	企劃管理制度化	360 元

《成功叢書》

1	猶太富翁經商智慧	360 元
2	致富鑽石法則	360 元
3	發現財富密碼	

《主管叢書》

1	部門主管手冊	360 元
2	總經理行動手冊	360 元
3	營業經理行動手冊	360 元
4	生產主管操作手冊	380 元
5	店長操作手冊	360 元

6	財務經理手冊	360 元
7	人事經理操作手冊	360 元

《醫學保健叢書》

1	9 週加強免疫能力	320 元
2	維生素如何保護身體	320 元
3	如何克服失眠	320 元
4	美麗肌膚有妙方	320 元
5	減肥瘦身一定成功	360 元
6	輕鬆懷孕手冊	360 元
7	育兒保健手冊	360 元
8	輕鬆坐月子	360 元
9	生男生女有技巧	360 元
10	如何排除體內毒素	360 元
11	排毒養生方法	360 元
12	淨化血液　強化血管	360 元
13	排除體內毒素	360 元
14	排除便秘困擾	360 元

《幼兒培育叢書》

1	如何培育傑出子女	360 元
2	培育財富子女	360 元
3	如何激發孩子的學習潛能	360 元
4	鼓勵孩子	360 元
5	別溺愛孩子	360 元
6	孩子考第一名	360 元

《人事管理叢書》

1	人事管理制度化	360 元
2	人事經理操作手冊	360 元
3	員工招聘技巧	360 元
4	員工績效考核技巧	360 元
5	職位分析與工作設計	360 元
6	企業如何辭退員工	900 元

工廠叢書⑮　　　　　售價：380 元

工廠設備維護手冊

西元二〇〇六年十一月　初版一刷

作者：楊月華

策劃：麥可國際出版公司（新加坡）

校對：洪飛娟

打字：張美嫻

編輯：劉卿珠

發行人：黃憲仁

發行所：憲業企管顧問有限公司

電話：（02）2762-2241　0930872873

臺北聯絡處：臺北郵政信箱第 36 之 1100 號

郵政劃撥：18410591 憲業企管顧問有限公司

印刷所：巨有全印刷事業有限公司

常年法律顧問：江祖平律師

本公司徵求海外銷售代理商（0930872873）

局版台業字第 6380 號　　　　請勿翻印

ISBN 13：978-986-6945-23-6

ISBN 10：986-6945-23-5